电梯操作安全技术

徐 腾 张兆杰 主编

黄河水利出版社

内 容 提 要

本书是依据国务院颁发的《特种设备安全监察条例》的有关规定,针对电梯的使用环节、电梯操作人员的特点而编写的。全书共分 6 章,主要内容包括:电梯的工作原理、分类、参数和结构,电梯的机械系统与电气系统,电梯安全使用及操作方法,电梯的维护及常见故障排除。本书可作为电梯作业人员的培训教材,也可供电梯管理、检验、监察等人员阅读参考。

图书在版编目(CIP)数据

电梯操作安全技术/徐腾,张兆杰主编. —郑州:
黄河水利出版社,2007.6
ISBN　978 - 7 - 80734 - 209 - 0

Ⅰ. 电…　Ⅱ①徐…②张…　Ⅲ. 电梯 - 安全技术
Ⅳ. TU857

中国版本图书馆 CIP 数据核字(2007)第 070966 号

组稿编辑:王路平　电话:0371 - 66022212　E-mail:wlp@ yrcp. com

出 版 社:黄河水利出版社
　　　　地址:河南省郑州市金水路 11 号　　邮政编码:450003
发行单位:黄河水利出版社
　　　　发行部电话:0371 - 66026940、66020550、66028024、66022620(传真)
　　　　E-mail:hhslcbs@ 126. com
承印单位:虎彩印艺股份有限公司
开本:787 mm ×1 092 mm　1/16
印张:9
字数:208 千字　　　　　　　　　印数:1—3 100
版次:2007 年 6 月第 1 版　　　　印次:2007 年 6 月第 1 次印刷

书号:ISBN 978 - 7 - 80734 - 209 - 0/TU · 79　　　定价:20. 00 元

前　言

我国实行改革开放以来,经济建设得到了快速的发展,高层建筑如雨后春笋般在城市中不断涌现,作为高楼的垂直交通工具——电梯,其需求量日益增长。各种类型、规格繁多的电梯大量在高楼内投入运行,随之而来的电梯事故也频频发生。为确保电梯安全运行,防止事故发生,保障国家财产和人民生命的安全,我国将电梯列为特种设备并加以严格的监管。

《电梯操作安全技术》是依据国务院颁发的《特种设备安全监察条例》第三十九条"锅炉、压力容器、电梯、起重机械、客运索道、大型游乐设施的作业人员及相关管理人员(以下统称特种设备作业人员),应当按照国家有关规定经特种设备安全管理部门考核合格,取得国家统一格式的特种设备作业人员证书,方可从事相应的作业或管理工作",针对电梯的使用环节、电梯操作人员的特点而编写的,力求通俗、简明、操作性强,并编入了大量的图幅,以便作业人员了解电梯的结构及相关部件特征。本书主要用于电梯作业人员的培训,也可供负责电梯管理、检验、监察等人员参考。

近几年,国家检验检疫总局特种设备安全监察局及相关部门修订规程、规范、标准速度加快,在编写此书中,引用的规程、规范、标准,尽管是最新版本,但本书一旦出版,仍有可能跟不上新的规程、规范、标准变更的步伐,望阅读此书的同行,时刻关注国家颁发的更新版本的规程、规范、标准出台。

在编写过程中,杨勃海、杜森海两位同志对此书提出了很好的意见和建议,并对书中相关内容进行了修订,对此,笔者深表感谢。

由于编者的水平有限,书中肯定存在缺点和不足,敬请同行批评指正,以便不断修订完善。

编　者

2007 年 3 月

目　录

第一章 电梯概述

第一节 电梯的定义及发展

自从我国实行改革开放政策以来,全国各地高层建筑不断涌现,作为高楼的垂直交通工具——电梯,其需求量日益增长。各种类型、规格繁多的电梯已在高楼内投入运行。为了确保电梯正常运行、安全使用,必须要了解电梯、熟悉电梯,并管理、维护好电梯。

一、电梯的定义及发展概况

电梯是服务于规定楼层的固定式升降设备。它具有一个轿厢,运行在至少两列垂直的倾斜角小于 15°的刚性导轨之间。轿厢尺寸与结构形式便于乘客出入或装卸货物。它适用于装置在两层以上的建筑内,是输送人员或货物的垂直提升设备的交通工具。

追溯电梯这种提升设备的历史,早在公元前我国就有利用人力作动力的简单提升设备,直到现在我国北方部分农村仍有用手摇轱辘提取井水的升降提水装置,所以说,我国是世界上最早出现这种提升设备——电梯雏形的国家之一。

1765 年瓦特发明了蒸汽机,把它作为提升设备的动力是在 1858 年,首次应用于美国纽约市的一台客梯上。接着,阿姆斯特朗发明的水压梯替代了蒸汽机梯。随着科技的发展,新的动力设备不断出现并替代了旧的动力设备,例如用液压泵和液压控制阀等。

法拉第发明发电机后 50 年,美国率先采用直流电动机作为电梯升降的驱动单元,并为今天的电梯发展奠定了基础。1903 年,美国生产了不带减速器的无齿轮高速电梯,并把卷筒式传动改进为曳引槽轮式传动,从而为今天高层的大行程电梯奠定了基础。在动力问题得到解决之后,美国着手研究电气控制及速度调节等方面课题,并获得成功。1915年,美国成功设计了自动平层控制系统以及高速电梯(6 m/s)。

随着电子工业的发展,新技术、新产品不断用于电梯控制系统,如无触点半导体逻辑控制晶闸管(俗称可控硅)的应用;集成电路和数字控制、电脑和机群控制及调频调压技术的应用;拖动系统简化、性能提高等。

二、我国电梯发展状况

我国电梯事业起步较晚,但发展较快。1952～1954 年先后在上海、天津、沈阳建立了三家电梯制造厂,并先后成立有关科研单位,独立自主制造各类电梯产品,如交流货梯、客梯,直流快速、高速客梯等。用我们自己生产的电梯产品装备了人民大会堂、北京饭店等政府机关和国家宾馆。20 世纪 60 年代开始批量生产自动扶梯和自动人行道,用我们自己生产的自动扶梯装备了北京地铁车站,用我们自己生产的自动人行道装备了北京首都机场。

随着我国对外开放、对内搞活经济的政策深入贯彻执行,吸取和引进了国外先进的电梯技术、先进的电梯制造工艺与设备、先进的科学管理,使我国电梯工业又取得了巨大发展,产品产量连续多年成倍增长,产品质量和整机性能明显提高。为了进一步推动和发展电梯工业,在上海、北京、天津、广州等地先后建立中外合资电梯制造公司,使电梯的控制和驱动技术达到了国际先进水平,先后向市场推出一批耗能小、效率高、速度快、平层和舒适感好的交流调速电梯、直流高速电梯(包括机群控制电梯)。为了进一步提高和控制产品质量,近年颁布一批具有国际水平的电梯制造等标准,使各制造厂家用新标准去更新、设计电梯产品,加强管理,促进电梯工业新发展。

在控制技术方面,从手柄开关控制发展到按钮信号控制、集选控制及多台电梯机群管理控制;从继电器—接触器的信号或集选控制到计算机控制;从调压调速到调频调速控制系统。

微电脑(或称微处理机)在电梯控制系统中得到广泛应用,从而代替了传统的数量众多的继电器、接触器控制系统。微电脑电梯的特点是:运行可靠、故障率低、耗能少;控制屏(柜)体积小,从而机房的面积可相应减小;设备投资费用减少;维修方便。调频调压的交流调速高速电梯也有了发展。为了适应电梯运行的性能,在简化驱动控制系统的前提下,提高电梯运行的性能,推出交流感应电动机和低转速直流电动机,以便适应于电梯的四象限运行工作状态的需要,由此,提高了电梯运行的平稳性,使乘坐电梯的舒适感更好。

在电梯速度方面,由 0.25 m/s 发展到 0.5 ~ 1.0 m/s 的交流双速电梯;由 1.5 ~ 2.0 m/s 的快速电梯发展到 2.5 m/s 的直流高速电梯;还有 1.0 ~ 4.5 m/s 的交流调速电梯。

在电梯品种方面,目前除了常有的货梯、客梯外,还发展与开发双层轿厢和观光电梯。

在材料和装饰方面,特别在电梯的机械部件、控制器、轿厢及其附属件上将使用轻质材料,使其在提高性能的同时,更便于操作,并能减少安装费用和节约机房空间。电梯轿厢的装饰也日趋豪华。

三、电梯的运行工作情况

电梯在垂直运行的过程中,有起点站也有终点站。对于三层以上建筑物内的电梯,起点站和终点站之间还设有停靠站。起点站设在最低楼层,终点站设在最高楼层,设在一楼的层站常被称为基站。

各层站的层外设有召唤箱,箱上设置有供乘用人员召唤电梯用的召唤按钮或触钮。一般电梯在两端站的召唤箱上各设置一只按钮或触钮,中间层站的召唤箱上各设置两只按钮或触钮。对于下集选无司机控制的电梯,在各层站的召唤箱上均设置一只按钮或触钮。而电梯(杂物电梯除外)的轿厢内都设置有操纵箱,操纵箱上设置有手柄开关或与层站对应的按钮或触钮,供司机或乘用人员控制电梯上下运行。召唤箱上的按钮或触钮称层外指令按钮或触钮,操纵箱上的按钮或触钮称轿内指令按钮或触钮。层外指令按钮或触钮发出的电信号称层外指令信号;轿内指令按钮或触钮发出的电信号称轿内指令信号。

作为电梯基站的厅外召唤箱,除设置一只召唤按钮或触钮外,还设置一只钥匙开关,以便上下班开启或关闭电梯时,司机或管理人员把电梯开到基站后,通过专用钥匙扭动该钥匙开关,把电梯的层轿门关闭妥当。

电梯的运行工作情况和汽车有共同之处,但是汽车的启动、加速、停靠等全靠司机的控制操作,而且在运行过程中可能遇到的情况比较复杂,因此汽车司机必须经过严格的培训和考核。而电梯的自动化程度比较高,一般电梯的司机或乘用人员只需通过操作箱上的按钮或触钮向电气控制系统下达一个指令信号,电梯就能自动关门、定向、启动、加速,在预定的层站平层停靠开门。对于自动化程度高的电梯,司机或乘用人员一次还可下达一个以上的指令信号,电梯便能依次启动和停靠,依次完成全部指令任务。

尽管电梯和汽车在运行工作过程中有许多不同的地方,但仍有许多共同之处,其中乘客电梯的运行工作情况类似于公共汽车,在起点站和终点站之间往返运行,在运行方向前方的停靠站上有顺向的指令信号时,电梯到站能自动平层停靠开门接乘客。而载货电梯的运行工作情况则类似于卡车,执行任务为一次性的,司机或乘用人员控制电梯上下运行时一次只能下达一个指令任务,当一个指令任务完成后才能下达另一个指令任务。在执行任务的过程中,从一个层站出发到另一个层站时,假若中间层站出现顺向指令信号,一般都不能自动停靠,所以载货电梯的自动化程度比乘客电梯低。

四、各类电梯介绍

(一)有司机的交流双速电梯

该类电梯是用于运送货物,也可用于运送乘客的载货梯。它与客梯的区别在于轿厢内装饰结构不同,该电梯在轿厢内设有专职司机操作,要求上升或下降时司机将轿内操作箱上的手柄开关按照需要的方向转到极限位置,这时层门和轿厢门就自动关闭,电梯随即启动向上(或向下)行驶。在行驶中司机应记住乘客报出的停站层楼,并随时注意轿厢召唤灯上出现的信号以及轿厢所经过的层楼,以便决定电梯轿厢即将停靠的层楼。当轿厢到达所要求停靠的层楼前适当高度(平层区)时,司机应预先将手柄开关返回到零,电梯就自动地从快速降低到慢速,并在慢速运转下自动停止在楼面水平上。轿厢停止后,轿门和层门自动开启。该电梯控制电路的主电力驱动是采用交流双速笼型异步电动机驱动,具有成本低、使用维修方便等特点。

(二)有司机信号的交流双速电梯

该类电梯是用于运送乘客,也可用于运送货物的客货电梯。它是一种由专职司机操作的继电器控制交流电梯。该类电梯由三相交流电动机驱动,电动机具有6极绕组和24极绕组,分别用于电梯的快速和慢速运行。该电梯在底层和顶层分别设有一个向上或向下召唤按钮,而其他层站各设有上、下召唤按钮两个。轿厢操作屏上则设有与停站数相等的相应指令或选层按钮。司机依照进入轿厢乘客所报出的层站按下选层按钮,指令信号被登记。当等待在厅外的乘客按下召唤按钮时,操作箱上的召唤灯燃亮,司机根据燃亮的顺向召唤灯按下选层按钮使召唤信号被登记。电梯从基站向上行程中按登记好的信号逐一给予停靠,直至到达这些信号登记的最高层站为止。然后司机依照轿厢内乘客的向下指令和点亮的向下召唤灯按下选层按钮使这些信号被登记,于是电梯在向下的行程中便逐一停靠,每次停靠时电梯自动进行减速、平层开门。电梯停靠开门后,必须由司机按下向上或向下启动按钮,电梯才能关门再启动运行。

（三）有/无司机交流集选电梯

该类电梯是用于运送乘客,系一种可自动或由专职司机操作的继电器控制交流集选电梯,可实现单台或两台电梯的并联运行。该类电梯由三相交流电动机驱动,电动机具有6极绕组和24极绕组,分别用于电梯的快速和慢速运行。该类电梯在顶层或底层分别设有一个向上或向下召唤按钮,在其他层站设有上、下召唤按钮两个(集选控制)或一个向下召唤按钮(向下集选控制),轿厢操作屏上则设有与停站数相等的相应指令按钮。当指令信号或召唤信号被登记,电梯将根据已登记的信号选择运行方向,并逐一给予停靠,直至顺向登记的最高(或最低)层站信号完毕。然后又以反向运行,并逐一停靠。每次停靠时,电梯自动进行减速、平层开门,假如无工作命令,轿厢则停留在最后停靠的楼层或返回基站。

（四）有/无司机直流高速电梯

该类电梯可由乘客或司机选择操作。电力驱动采用带有测速发电机速度反馈的晶闸管励磁直流发电机—电动机系统。提升机构为不带减速箱而直接由慢速电动机驱动的无齿轮曳引机(高速梯)。高速梯适用于提升高度在100 m以下、速度为2 m/s以上,该电梯根据厅外的召唤信号或轿内的指令信号能自动定向、关门、启动,到达停靠层时又能自动减速平层、停车、开门。由于电梯从启动开始直到停车始终是一个闭环调速系统,因此具有良好的启、制动舒适感。该电梯的电气线路设计成熟,使它具有安全可靠保证,并根据用户需要,可增加各种不同的附加功能。该电梯设备工程造价高,占用机房面积大,电刷需经常更换和维修,拖动和控制系统比较复杂,维修困难,运行中噪声大,对井道和机房的要求高,尤其能量损耗大、效率低是系统致命弱点。

（五）交流调速电梯

将交流调速技术应用于电梯之中,于是开发了异步电动机交流调压(即ACVV)调速电梯、异步电动机交流变压变频调速电梯和同步电机变频调速电动梯。第一种系统是由分立元件和继电器组成的控制系统;后两种为以微型计算机为主的控制系统。继电器控制或单片机控制的交流调速电梯输送能力强、效率高、运行周期短、耗能少、运行平稳、舒适感好、噪声低、操作可靠、停层精确度高,它是更新陈旧电梯设备的理想系统。交流调速电梯的驱动系统采用一种可调式的三相驱动装置。其工作原理为:利用数字测距装置,并经数模转换器等储存控制曲线(已给定运行参数)于存储器中,而实现按距离启动和制动,并可根据与实际反馈信息比较后的参数(即电梯的负载和运行方向等因素),通过调节印制板和功率放大装置进行晶闸管调压调速或在慢速绕组中的直流能耗制动或两者同时并存。这样保证电梯的启动、制动运行有良好、舒适的运行特性。

为了克服电梯在启动瞬间的静摩擦和在最高(或最低)层时的"倒拉"现象,该系统还设置了"启动阀"环节,以保证在乘客毫无知觉的情况下极舒适地启动和停车。由于系统的优良性能和高分辨的测距,不仅使运行舒适,且具有十分高的平层精度。

交流变频调速电梯的特点如下。

(1)能源消耗低。异步电动机的速度与供电频率有关。在启动期间,电动机电流随频率和速度的增加而增加,并以最小转差运行,对每种速度都可获得最佳效率,能够节约能量达45%,因电动机产生的热量相当小,故在机房内不需要专用的通风降温系统,没有额外的能量损耗。

（2）电路负载低。所需紧急供电装置小,在加速阶段,所需启动电流小于2.5倍的额定电流,且启动电流峰值时间短,由于启动电流大幅度减小,故功耗和供电电缆线径可减小很多,所需的紧急供电装置的尺寸也比较小。

（3）可靠性高,使用寿命长。具有先进的半导体变频器把交流电变换成直流电,再把直流电逆变成电压幅度和频率可变的交流电,由于元器件性能可靠、工艺先进、经久耐用,在系统中电动机转速的调节不但不会增加电动机的发热,而且还能减小电动机的应力,使电梯运行性能非常可靠,延长使用寿命。

（4）舒适感好。在整个运行过程中,其驱动系统具有良好的调节性能,故乘客乘坐电梯舒适感极好。电梯运行是跟随最佳给定的速度曲线运行的,其特性可适应人体感觉,并保证运行噪声小、制动平稳。

（5）平层精度高。采用现代传感技术和数字软件控制系统,在整个运行期间准确地给位置信号加上精确地按楼层距离直接停靠调节系统。在VVVF控制系统中,其直接停靠由PC机、变频器、曲线卡三方面组成。曲线卡的输入信号有启动信号、转换信号,输出信号有运行信号、总控信号、转换应答信号。曲线卡在接收到启动信号时,给变频器一条运行曲线,输出运行信号,电梯开始运行;在收到换速信号时,给变频器调节装置一条减速曲线;当到达停车位置时,曲线卡撤销运行信号,电梯即直接停靠楼层平面,完成一次运行。这样使电梯在每个楼层都能准确平层,便于乘客进出不会绊倒。

（6）运行平稳无噪声。在轿厢内、机房内及邻近区域确保噪声小。因为其系统中采用了高时钟频率,始终产生一个不失真的正弦波供电电流,电动机不会出现转矩脉动,因此消除了振动和噪声。

直流调速方式有G—M调速、相位控制调压调速和斩波控制（PWM）调压调速等不同的电气驱动技术。其调速系统的变流方式与交流调速变流方式有所不同,如表1-1所示。

表1-1　各种调速系统的变流方式

调速方式	一次变流	二次变流	再次变流
直流电动机G—M系统	机械	机械	—
直流电动机相控调速系统	电子	机械	—
直流电动机PWM系统	电子	电子	机械
交流电动机"交—直—交"变频系统	电子	电子	
交流电动机"交—交"变频系统	电子	—	—
交流电动机调压系统	电子	—	—

上述仅需一次变流的最后两种调速方式,由于不能达到很宽的调速范围和很好的性能,故只能在有限的场合中适用,其他4种调速方式都可以达到很高的性能,因此在高性能的电梯中得到广泛的应用。但当采用直流电动机系统时,不管采用何种方式都必须进行机械变流,显然,这就是直流电动机的致命缺陷,是直流电动机最终被交流电动机替代的根本原因。

五、电梯远程(集中)监控探讨

随着经济高速发展,人民生活水平逐步提高,住宅楼群林立,电梯普遍应用,故对电梯的性能与质量要求愈来愈高。电梯厂商为了确保售后服务,一方面提高产品性能与质量,另一方面加强维护保养的技术措施,利用电脑网络集中监控,既能了解用户电梯运行工作状态,又能及时排除故障。现将各厂商的远程监控系统介绍如下。

(1)远程监控系统1,是由现场信号采集/发送子系统、信号传输子系统、监视中心子系统三大环节组成。信号的采集直接来自电梯控制柜中心电脑CPU,各个电梯(现场)之间或与监视中心的联系通过公用电话网进行传送。

该系统能起到电梯在发生紧急故障时应答远程电梯内受惊人员的询问,查询紧急状态下电梯的有关信息;非定期的特定需求的电梯数据查询请求;根据初步的故障分析,各现场工程服务人员调配情况,统一调度管理安排工程技术人员赴现场维修服务。

(2)电梯远隔监控系统2,是由故障自动发报、安抚语音播放、双方直接通话、远距离保养诊断和维修人员跟踪的信息管理(以便故障时就近出动处理)等环节组成。设有一个以电脑为核心的中央监控中心,以达到24 h全天候联网监控。受信息情报勤务指挥,可与受困乘客直接通话,进行情报分析并得到维修技术支持。

该系统仍通过公用电话网络通信联系。其特点是通过电脑自动侦查检测,预先报知故障可能发生的信息,能事先捕捉各个机械、电气部件的细微异常变化,针对异常紧急程度提示各网点维护人员实施合适而确切的维修保养法则,以达到防患于未然。

(3)远程监控系统3,该系统不仅有电梯监控,而且有大楼智能集中监控系统,能将大楼的电梯、扶梯、水泵、空调等设备集中监控起来,是十分经济的监控系统。

第二节　电梯的分类

一、按用途分类

电梯按用途不同可分为以下几类:

(1)乘客电梯(Ⅰ类)。为运送乘客而设计的电梯,必须有十分安全可靠的安全装置。

(2)载货电梯(Ⅳ类)。主要是为运送货物而设计的,通常有人伴随的电梯,有必备的安全保护装置。

(3)客货梯(俗称服务梯)(Ⅱ类)。主要是用做运送乘客,但也可以运送货物的电梯。它与乘客电梯的区别在于轿厢内部装饰结构和使用场合不同。

(4)病床电梯(俗称医梯)(Ⅲ类)。为运送医院病人及其病床而设计的电梯,其轿厢具有窄而长的特点。

(5)住宅梯(Ⅱ类)。供住宅楼使用的电梯,控制系统和轿厢装饰均较简单,也必须具有客梯所具有的安全装置。

(6)杂物电梯(Ⅴ类)。供图书馆、办公楼、饭店运送图书、文件、食品等,而绝不允许人员进入的小型运货电梯。

（7）消防梯。火警情况下能适应消防员专用的电梯，非火警情况下可作为一般客梯或客货梯使用。

消防梯轿厢的有效面积应不小于 1.4 m²，额定载重量不得低于 630 kg，厅门口宽度不得小于 0.8 m。并要求以额定速度从最低一个停站直驶运行到最高一个停站（中间不停层）的运行时间不得超过 60 s。

（8）船舶电梯。专用于船舶上的电梯，能在船舶正常摇晃中运行。

（9）观光电梯。轿厢壁透明，供乘客浏览观光建筑物周围外景的电梯。

（10）汽车电梯。运送汽车的电梯，其特点是轿厢大、载重量大，常用于立体停车场及汽车库等场所。

二、按驱动系统分类

电梯按驱动系统不同可分为以下几类：

（1）交流电梯。曳引电动机是交流异步电动机的有以下四类：①交流单速电梯。曳引电动机为交流单速异步电动机，梯速 $V \leq 0.4$ m/s，例如用于杂物梯等。②交流双速电梯 曳引电动机为电梯专用的变极对数的交流异步电动机，梯速 $V \leq 1$ m/s，提升高度 $h \leq 35$ m。③交流调速电梯。曳引电动机为电梯专用的单速或多速交流异步电动机，而电动机的驱动控制系统在电梯的启动加速—稳速—制动减速（或仅是制动减速）的过程中采用调压调速或涡流制动器调速或变频变压调速的方式，梯速 $V \leq 2$ m/s，提升高度 $h \leq 50$ m。④交流高速电梯。曳引电动机为电梯专用的低转速的交流异步电动机，其驱动控制系统为变频变压加矢量变换的 VVVF 系统。其梯速 $V > 2$ m/s，一般提升高度 $h \leq 120$ m。

（2）直流电梯。曳引电动机是电梯专用的直流电动机的有以下两类：①直流快速电梯。曳引电动机经减速箱后驱动电梯，梯速 $V \leq 2.0$ m/s。现在由直流发电机供电给直流电动机的一种直流快速梯已被淘汰，今后若有直流快速电梯的话，将是晶闸管供电的直流快速电梯。一般提升高度 $h \leq 50$ m。②直流高速电梯。曳引电动机为电梯专用的低转速直流电动机。电动机获得供电的方式有直流发电机组织供电和晶闸管供电两种形式。其梯速 $V > 2.0$ m/s，一般提升高度 $h \leq 120$ m。

（3）液压电梯。电梯的升降是依靠液压传动的，有以下两类：①柱塞直顶式。液压缸柱塞直接支撑在轿厢底部，通过柱塞升降而使轿厢升降的液压梯。其梯速 $V \leq 1$ m/s，一般提升高度 $h \leq 20$ m。②柱塞侧顶式（俗称"背包"式）。油缸柱塞设置于轿厢旁侧，通过柱塞升降而使轿厢升降的液压梯。其梯速 $V \leq 0.63$ m/s，一般提升高度 $h \leq 15$ m。

三、按曳引机有无减速箱分类

按曳引机有无减速箱可将电梯分为以下两类：

（1）有齿轮电梯。电梯曳引轮的转速与电动机的转速不相等（电动机转速 > 曳引轮转速），中间有蜗轮蜗杆减速箱或齿轮减速箱（行星齿轮、斜齿轮）。一般使用在电梯额定速度 $V \leq 2$ m/s 的场合。

（2）无齿轮电梯。电梯曳引轮转速与电动机转速相等，中间无蜗轮蜗杆减速箱或齿轮减速箱。

对于这类电梯,要求电动机具有低转速、大转矩特性。一般使用在电梯额定速度 $V \geqslant 2$ m/s的场合。

四、按有无司机分类

电梯按有无司机可分为以下三类:

(1)有司机电梯。电梯和各种工作状态由经过专业安全技术培训的专职电梯司机的操纵来实现。

(2)无司机电梯。所谓无司机电梯,就是乘客自己操纵的电梯。乘客进入电梯轿厢后,按下操作箱上与自己所要到达的楼层相应的指令按钮,电梯就会自动地到达乘客所要的楼层,当乘客在某层厅外召唤电梯时,电梯会按"层外截车"的原则,自动地到达乘客候梯的楼层,供乘客使用电梯。

(3)有/无司机电梯。该种电梯基本上是按无司机控制设计的。

考虑到一些使用单位管理上的需要和当地乘客的电梯知识及情况,在线路设计上也考虑有司机工作状态。这类电梯可以在司机操作的情况下工作,也可以在无司机状态下工作,但司机必须经过专业安全技术培训。

五、按操纵控制方式分类

电梯按操纵控制方式不同可分为以下几类:

(1)门外按钮控制小型杂物电梯。该电梯是一种门外按钮自动控制的小型杂物电梯,它专用于提升和下降重量与体积较小的构件,绝不允许任何人员进入轿厢。这种电梯在楼层层门旁各设有操纵箱。当基站的发货人员装货完毕后将层门关闭,并按下操纵箱上相对应于接货站的停站按钮,电梯就能启动行驶到达该站停止,及时发出信号,促使接货人员注意开层门卸货。卸货完毕后再关上层门,这时"占用"信号消失。

(2)轿厢手柄开关控制自平自动门电梯。该电梯在轿厢内设有经专业安全技术培训的专职司机操作,要求上升或下降时司机可将操作箱上的手柄开关按照需要的方向转到极限位置,这时层门和轿厢门就自动关闭,电梯随即启动向上(或向下)行驶。当轿厢到达所要求停靠的楼层前适当高度(平层区域内)时,司机应预先将手柄开关返回到零位,电梯就自动地从快速降低到慢速,并在慢速运转下自动停止在楼面水平上,并自动开门。

(3)内外按钮控制自平自动门电梯。该电梯是一种乘客自己操作的电梯。电梯在各层站分别设有一个召唤按钮。轿厢操作箱上则设有与停站数相等的相应指令按钮。某一楼层等待电梯的乘客按下该召唤按钮。就能使不被"占用"的轿厢到来;电梯停靠时立即自动开门。乘客进入轿厢后,按下要去楼层的指令按钮,电梯就自动关门,启动行驶到达该站。每次停靠时,电梯自动进行减速、平层、开门。

(4)选层按钮控制自平自动门电梯。该电梯是一种有专职司机操作具有轿厢指令按钮登记的乘客或载货电梯。电梯在底层和顶层分别设有一个向上或向下召唤按钮,而在其他层站各设有上、下召唤按钮两个。轿厢操作箱上则设有与停站数相等的相应指令或选层按钮。司机依照进入轿厢的乘客所报出的层站按下选层按钮,指令信号被登记,或当等待在厅外的乘客按下召唤按钮时,操作箱上的召唤灯燃亮。司机根据燃亮的顺向召唤灯按下选层按钮,使召唤被登记。电梯从基站向上行程中,按登记好的信号逐一给予停靠,直至有这些信号登记的最高层站为止。

(5)集选控制或向下集选控制电梯。该电梯是一种乘客自己操作的或有时也可由专职司机操作的自动电梯。电梯在底层和顶层分别设有一个向上或向下的召唤按钮,而在其他层站各设有上、下召唤按钮两个(集选控制)或一个向下召唤按钮(向下集选控制)。轿厢操作箱上则设有与停站数相等的相应指令按钮。当进入轿厢的乘客按下指令按钮时,指令信号被登记。当等待在层外的乘客按下召唤按钮时,召唤信号被登记。电梯在向上行程中按登记的指令信号和向上召唤信号逐一给予停靠,直至有这些信号登记的最高层站或有向下召唤登记的最低层为止,然后又反向向下按指令及向下召唤信号逐一停靠。每次停靠时电梯自动进行减速、平层、开门。

(6)两台并联集选控制电梯。该系统由两台集选控制电梯组成。电梯设有基站,一般以大楼的底层作为基站,在基站的下面也可有地下室。当一台电梯执行命令完毕后,自动返回基站。另一台电梯在完成其所有的任务后,就停留在最后停靠的楼层作为备行梯。备行梯是准备接受基站以上出现的任何命令而运行的,这样基站梯可优先供进入大楼的乘客服务(也可应答地下室召唤),而备行梯则主要应答其他楼层的召唤。

(7)三台并联集选控制电梯。该系统由三台集选控制电梯组成,共有一套召唤信号装置。电梯设有基站,一般以大楼的底层作为基站,在基站的下面也可以有地下室。当系统中的三台电梯先后执行命令完毕时,有两台电梯分别自动返回基站成为基站梯。先到达基站的称为基站被选梯,其后到达的称为基站待选梯。另一台电梯在完成其所有任务后,就停留在最后停靠的楼层作为备行梯。基站被选梯可优先供进入大楼的乘客服务。当基站被选梯在应答命令而离去后,则待选梯立即成为被选梯。无论备行梯还是基站梯,在命令下运行时,按集选控制的原则工作,称为运行梯。

(8)梯群控制电梯(群控电梯)。电梯机群自动程序控制系统简称群控,是对于一组电梯进行自动控制和自动调度的电气控制系统。该系统能提供各种工作程序,满足一个像办公大楼那样客流剧烈变化的典型客流状态。

第三节　电梯的参数

一、电梯的主要参数

(1)额定载重量(kg)。制造和设计规定的电梯额定载重量。

(2)轿厢尺寸(mm)。宽×深×高。

(3)轿厢形式。有单面或双面开门及其他特殊要求等,以及对轿顶、轿底、轿壁的处理,颜色的选择,对电风扇、电话的要求等。

(4)轿门形式。有栅栏门、封闭式中分门、封闭式双折门、封闭式双折中分门等。

(5)开门宽度(mm)。轿厢门和层门完全开启时的净宽度。

(6)开门方向。人在轿外面对轿厢门向左方向开启的为左开门,门向右方向开启的为右开门,两扇门分别向左右两边开启者为中开门,也称中分门。

（7）曳引方式。常用的有：半绕1：1吊索法,轿厢的运行速度等于钢丝绳的运行速度；半绕2：1吊索法,轿厢的运行速度等于钢丝绳运行速度一半；全绕1：1吊索法,轿厢的运行速度等于钢丝绳的运行速度。这几种吊索法常用图1-1来表示。

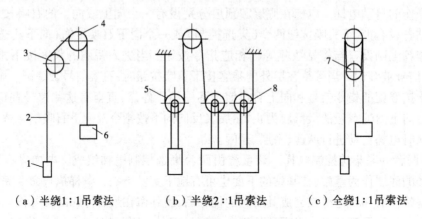

（a）半绕1：1吊索法　　（b）半绕2：1吊索法　　（c）全绕1：1吊索法

图1-1　电梯常用曳引方式示意图

1—对重装置；2—曳引绳；3—导向轮；4—曳引轮；
5—对重轮；6—轿厢；7— 复绕轮；8—轿顶轮

（8）额定速度（m/s）。制造和设计所规定的电梯运行速度。

（9）电气控制系统。包括控制方式、拖动系统的形式等,如交流电动机拖动或直流电动机拖动、轿内按钮控制或集选控制等。

（10）停层站数（站）。凡在建筑物内各楼层用于出入轿厢的地点均称为站。

（11）提升高度（mm）。由底层端站楼面至顶层端站楼面之间的垂直距离。

（12）顶层高度（mm）。由顶层端站楼面至机房楼板或隔音层楼板下最突出构件之间垂直距离。电梯的运行速度越快,顶层高度一般越高。

（13）底坑深度（mm）。由底层端站楼面至井道底面之间的垂直距离。电梯的运行速度越快,底坑一般越深。

（14）井道高度（mm）。由井道底面至机房楼板或隔音层楼板下最突出构件之间的垂直距离。

（15）井道尺寸（mm）。宽×深。

二、我国有关标准对电梯主要参数和规格尺寸的规定

为了加强对电梯产品的管理,提高电梯产品的使用效果,国家于1974年颁布了JB1435—74、JB816—74、JB/Z110—74等一批电梯产品的部标准。1986年颁布国家标准GB7025—86,并取代原部标准JB1435—74等。自从GB7025—86颁布后,对当时国内已批量生产的乘客电梯、载货电梯、病床电梯、杂物电梯等类别的电梯及其井道、机房的形式、基本参数与尺寸有所规定。又于1997年颁发GB/T 7025.1～7025.3—97新推荐性标准。

电梯的主要参数是电梯制造厂设计和制造电梯的依据。用户选用电梯时,必须根据电梯的安装使用地点、载运对象等,按标准的规定,正确选择电梯的类别和有关参数与尺

寸,并根据这些参数与规格尺寸,设计和建造安装电梯的建筑物,否则会影响电梯的使用效果。

第四节　电梯的主要结构

不同规格型号的电梯,其部件组成情况也不相同。这里只能介绍一些最基本的情况。

图1-2所示为一种交流调速乘客电梯的部件组装示意图。从图中可以看出一部完整电梯部件组成的大致情况。

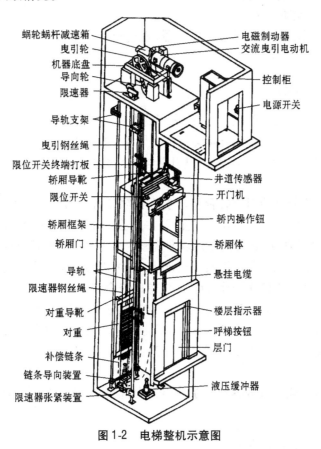

图1-2　电梯整机示意图

一、电梯机房里的主要部件

(1)曳引机。曳引机是电梯的驱动装置。曳引机包括:①驱动电动机。交流梯为专用的双速电动机或三速电动机;直流梯为专用的直流电动机。②制动器。在电梯上通常采用以双瓦块常闭式电磁制动器。电梯停止或电源断电情况下制动抱闸,以保证电梯不致移动。③减速箱。大多数电梯厂选用蜗轮蜗杆减速箱,也有行星齿轮、斜齿轮减速箱。无齿轮电梯不需减速箱。④曳引轮。曳引机上的绳轮称为曳引轮。两端借助曳引钢丝绳分别悬挂轿厢和对重,并依靠曳引钢丝绳与曳引轮绳槽间的静摩擦力来实现电梯轿厢的升降。⑤导向轮或复绕轮。导向轮又称抗绳轮。因为电梯轿厢尺寸一般都比较大,轿厢悬挂中心和对重悬挂中心间的距离往往大于设计上所允许的曳引轮直径。因此对一般电梯而言,通常要设置导向轮,以保证两股向下的曳引钢丝绳之间的距离等于或接近轿厢悬挂中心和对重悬挂中心间的距离。对复绕的无齿轮电梯而言,改变复绕轮的位置同样可以达到上述的目的。

(2)限速器。当轿厢运行速度达到限定值时,能产生机械动作并发出电信号的安全装置。

(3)控制柜。各种电子元器件和电器元件安装在一个防护用的柜形结构内,按预定程序控制轿厢运行的电控设备。

(4)电源开关、照明开关。

(5)选层器、极限开关、机械楼层指示器、发电机组等部件。要根据电梯规格、种类、需要而设置。

二、电梯主要部件

(1)轿厢。轿厢是电梯的主要部件,是容纳乘客或货物的装置。

(2)导轨。在轿厢和对重的升降运行中起导向作用的组件。

(3)对重装置。设置在井道中、由曳引钢丝绳经曳引轮与轿厢连接,在运行过程中起平衡作用的装置。

(4)缓冲器。当轿厢或对重装置超过上下极限位置时,用来吸收轿厢或对重装置所产生动能的制停安全装置。缓冲器一般设置在井道底坑上。液压缓冲器是以油为介质吸收动能的耗能型缓冲器;弹簧缓冲器是以弹簧形变来吸收动能的蓄能型缓冲器。

(5)限位开关。该装置是可以装在轿厢上,也可以装在电梯井道上端站和下端站附近,当轿厢运行超过端站时,用于切断控制电源的安全装置。

(6)接线盒。固定在井道壁上,包括井道中间接线盒及各层站接线盒。

(7)控制电缆。电缆两端分别与井道中间接线盒和轿内操作箱连接。

(8)补偿链或补偿绳。用于补偿电梯在升、降过程中由于曳引钢丝绳在曳引轮两边的重量变化。

(9)平层感应器或井道传感器。在平层区内,使轿厢地坎与厅门地坎自动准确对准的装置。

三、轿厢上的主要部件

(1)操作箱。装在轿厢内靠近轿厢门附近。用指令开关、按钮或手柄等操作轿厢运行的电器装置。

(2)轿内指层灯。设置于轿厢内,客梯一般装在轿门上方,货梯一般装在轿厢侧壁,用以显示电梯运行位置和运行方向的装置。

(3)自动门机。装于轿厢顶的前部,以小型的交流、直流、变频电动机为动力的自动开关轿门和厅门的装置。

(4)安全触板(光电装置)。设置在层门和轿门之间,在层门、轿门关闭过程中,当有乘客或障碍物触及时,门立刻停止并返回开启的安全装置。载货电梯一般不设此装置。

(5)轿门。设置在轿厢入口的门。

(6)称重装置。能检测轿厢内负载变化状态,并发出信号的装置,适用于乘客或货物电梯等。

(7)安全钳。由于限速器作用而引起动作,迫使轿厢或对重装置掣停在导轨上,同时切断控制回路的安全装置。

(8)导靴。设置在轿厢架和对重装置上,使轿厢和对重装置沿着导轨运行的装置。

(9)其他部件。轿顶安全窗、光电保护、超载装置、邻梯指示等部件,要视电梯规格、型号、种类及客户要求而设置。

四、电梯层门口的主要部件

(1)层门。设置在层站入口的封闭门。

(2)层门门锁。设置在层门内侧,门关闭后,将门锁紧,同时接通控制回路,轿厢可运行的机电连锁安全装置。

(3)楼层指示灯。设置在层站层门上方或一侧,用以显示轿厢运行层站位置和方向的装置。

(4)层门方向指示灯(限于某些电梯需要)。设置在层站层门上方或一侧,用以显示轿厢欲运行方向并装有到站音响机构的装置。

(5)呼梯盒。设置在层站门侧,当乘客按下需要的召唤按钮时,在轿厢内即可显示或登记,令电梯运行停靠在召唤层站的装置。

五、装在其他处的部件

对于群控电梯,在消防中心或大厅值班室需设置梯群监控屏。该监控屏能集中反映各轿厢运行状态,可供管理人员监视和控制。

第二章 电梯的机械系统

第一节 曳引平衡系统

一、曳引驱动工作原理

（一）概述

电梯的驱动有曳引驱动、卷筒驱动（强制驱动）、液压驱动等,但现在使用最广泛的是曳引驱动。

曳引驱动的传动关系如图 2-1 所示。安装在机房的电动机与减速箱、制动器等组成曳引机,是曳引驱动的动力。钢丝绳通过曳引轮一端连接轿厢,一端连接对重装置。轿厢与对重装置的重力使曳引钢丝绳压紧在曳引轮的绳槽内。电动机转动时由于曳引轮绳槽与曳引钢丝绳之间的摩擦力,带动钢丝绳使轿厢和对重作相对运动,轿厢在井道中沿导轨上下运行。

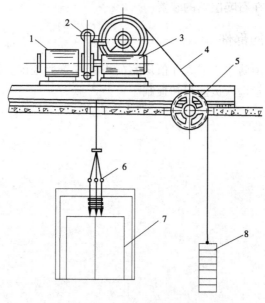

图 2-1 电梯曳引传动关系

1—电动机;2—制动器;3—减速器;4—曳引绳;
5—导向轮;6—绳头组合;7—轿厢;8—对重

曳引驱动相对卷筒驱动有很大的优越性。首先是安全可靠,当运行失控发生冲顶、蹲底时只要一边的钢丝绳松弛,另一边的轿厢或对重就不能继续向上提升,不会发生撞击井道顶板或拉断钢丝绳的事故。而且一般曳引钢丝绳都在3根以上，由断绳造成坠落的可能性大大减少。其次是允许提升的高度大，卷筒驱动在提升时要将钢丝绳绕在卷筒上，在提升高度大的情况下，驱动设备变得十分庞大笨重。而曳引驱动钢丝绳长度不受限制，可以方便地实现高度的提升，而且在提升高度改变时，驱动装置不需改变。

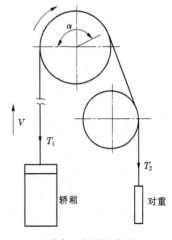

图 2-2　曳引示意图

（二）曳引系数和曳引条件

图 2-2 为曳引驱动的钢丝绳受力简图。设 $T_1 > T_2$，且此时曳引钢丝绳在曳引轮上正处于将要打滑，但还没有打滑的临界平衡状态。

这时曳引钢丝绳悬挂轿厢一端的拉力 T_1 和悬挂对重一端的拉力 T_2 之间应满足什么关系呢？

根据欧拉公式 T_1 和 T_2 之间有如下的关系：

$$\frac{T_1}{T_2} = e^{f\alpha} \tag{2-1}$$

式中　e——自然对数的底；

　　　α——曳引绳在曳引轮上的包角，rad；

　　　f——曳引绳在曳引轮槽中的当量摩擦系数，与曳引轮的绳槽形状和曳引轮材料等有关。

带切口和半圆槽：

$$f = \frac{4\mu\left[1 - \sin\left(\frac{\beta}{2}\right)\right]}{\pi - \beta - \sin\beta}$$

V 形槽：

$$f = \frac{\mu}{\sin\left(\frac{\gamma}{2}\right)}$$

式中　μ——钢丝绳与曳引轮槽的摩擦系数，一般铸铁曳引轮取 $\mu = 0.09$；

　　　β——半圆切口槽的切口角，rad，对半圆槽 $\beta = 0$，见图 2-3（b）；

　　　γ——V 形槽开口夹角，rad，见图 2-3（c）。

式（2-1）中的 $e^{f\alpha}$ 称为曳引系数，曳引系数是一个客观量，它与 f、α 有关。

$e^{f\alpha}$ 限定了 T_1/T_2 的允许比值，$e^{f\alpha}$ 大，则表明 T_1/T_2 的允许比值大和（$T_1 - T_2$）的允许值大，也就是表明电梯曳引能力大。

因此，一台电梯的曳引系数代表了该台电梯的曳引能力。

式（2-1）是按静平衡条件得出的，为使电梯在工作情况下不打滑（按图 2-2 中 V 的方向运行），保证足够的曳引能力就必须满足 $T_1/T_2 < e^{f\alpha}$。

由于运行状态下电梯轿厢的载荷和轿厢的位置以及运行方向都在变化。为使电梯在各种情况下都有足够的曳引力，国家标准《电梯制造与安装安全规范》（GB7588—2003）规定，曳引条件应符合

$$T_1/T_2 \leqslant e^{f\alpha} \tag{2-2}$$

式中　T_1/T_2——载有125%额定载荷的轿厢位于最低层站及空轿厢位于最高层站的两种情况下,曳引轮两边的曳引绳中较大静拉力与较小静拉力之比。

（三）曳引能力分析

从曳引条件公式（式(2-2)）可知,曳引系数 $e^{f\alpha}$ 代表了电梯的曳引能力。也就是曳引能力与曳引钢丝绳在绳槽中的当量摩擦系数和曳引钢丝绳在曳引轮上的包角有关。而且曳引轮两边钢丝绳张力的变化也会改变曳引条件。

(1)当量摩擦系数 f 与绳槽的形状、绳槽的材料以及钢丝绳和绳槽的润滑情况有关。

在各种不同形状的绳槽中,V形槽的 f 最大,并随着槽的开口角 γ（见图2-3(c)）的减小而增大,同时磨损也增大,而且当 γ 角太小时,在曳引绳进出绳槽时会发生卡绳现象,一般取 $\gamma = 35°$。V形槽随着槽形的磨损会趋近于半圆切口槽,f 也会逐渐减小。

半圆槽（见图2-3(a)）的 f 最小,但钢丝绳在槽中的比压也最小,一般用于复绕的曳引轮。

半圆切口槽（见图2-3(b)）的 f 介于V形槽和半圆槽之间,而且当量摩擦系数 f 随 β 角的加大而加大,但比压也相应增大。在绳槽磨损时,由于 β 基本不变,所以 f 也基本不变。半圆切口槽是目前采用最广的槽型。

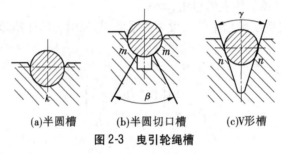

(a)半圆槽　　　(b)半圆切口槽　　　(c)V形槽

图2-3　曳引轮绳槽

钢丝绳在绳槽中的摩擦系数 μ 与当量摩擦系数 f 成正比,而 μ 又是由绳槽材料和润滑情况决定的。为提高 μ,国外已在超高速电梯上使用摩擦系数大、耐磨性好的非金属槽垫。不但使摩擦系数提高一倍,还延长了钢丝绳寿命,减小接触噪声和振动。

钢丝绳在绳槽内的润滑情况也直接影响摩擦系数 μ,在轻微润滑时 $\mu = 0.09 \sim 0.1$,当润滑过度时 μ 可降到0.06以下。

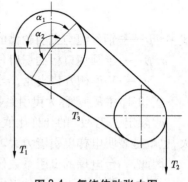

图2-4　复绕传动张力图

(2)包角 α:增大包角 α 是增加曳引能力的重要途径。增大包角目前主要采用两种方法,一是采用2:1的曳引比,使包角增至180°;另一种是采用复绕形式（见图2-4）,此时的计算包角为 α_1 与 α_2 之和,一般用在高层高速电梯上。

(3)从曳引条件的公式(2-2)可知,T_1 与 T_2 之间的比值变化也会改变曳引条件。

当轿厢自重减轻时,对125%载荷的轿厢在底层时的曳引条件有利,但当空载轿厢在最高层时,若自重太轻则可能会不符合曳引条件(T_2太小),而使钢丝绳打滑。如果增加轿厢自重,虽然可以增加一些曳引能力,但会增加钢丝绳在绳槽内的比压,增加绳槽的磨损,是不可取的。

一般从兼顾曳引能力和绳槽的比压来看,增加曳引能力应从加大包角、增大曳引轮直径和增加曳引绳根数来考虑。

(四)曳引绳绕绳传动方式

电梯曳引钢丝绳的绕绳方式主要取决于曳引条件、额定载重量和额定速度等因素。在选择绕绳方式时应考虑有较高的传动效率、合理的能耗和钢丝绳的使用寿命,特别要注意应尽量避免钢丝绳的反向弯曲。

曳引绳的绕法有多种,这些绕法也可看成不同的传动方式,因此不同的绕法就有不同的传动速比,也叫曳引比倍率,它是电梯运行时曳引轮节圆的线速度与轿厢运行速度之比。根据同一根钢丝绳在曳引轮上绕的次数可分为单绕和复绕。单绕时钢丝绳在曳引轮上只绕过一次,其包角小于或等于180°,而复绕时钢丝绳在曳引轮上绕过二次,其包角大于180°。

常见的绕法有:

(1)1:1绕法:图2-5中(a)为单绕、(b)为复绕,其曳引比或传动比为1:1(倍率 $i=1$)。

(2)2:1绕法:图2-5中(c)为单绕、(d)为复绕、(e)为下置机房单绕,此时,曳引比或传动比为2:1(倍率 $i=2$)。

(3)3:1绕法:图2-5(f)的曳引比或传动比为3:1(倍率 $i=3$)。

(五)平衡系数

曳引驱动曳引力是由轿厢和对重的重力共同通过钢丝绳作用于曳引轮绳槽而产生的。对重是曳引绳与曳引轮绳槽产生摩擦力的必要条件,也是构成曳引驱动不可缺少的条件。

曳引驱动理想状态是对重侧与轿厢侧的重量相等。此时,曳引轮两侧钢丝绳的张力 $T_1=T_2$,若不考虑钢丝绳重量的变化,曳引机只要克服各种摩擦阻力就可轻松地运行。但实际上轿厢侧的重量是个变量,随着载荷的变化而变化,固定的对重不可能在各种载荷情况下都完全平衡轿厢侧的重量。因此,对重只能取中间值,按标准规定只平衡0.4~0.5的额定载荷,故对重侧的总重量应等于轿厢自重加上0.4~0.5倍的额定载重量。此0.4~0.5即为平衡系数,若以 K 表示平衡系数则 $K=0.4~0.5$。

当 $K=0.5$ 时,电梯在半载的情况下其负载转矩将近似为零,电梯处于最佳运行状态。电梯在空载和满载时,其负载转矩绝对值相等而方向相反。

在采用对重装置平衡后,电梯负载从零(空载)至额定值(满载)之间变化时,反映在曳引轮上的转矩变化只有±50%,减轻了曳引机的负担,减少了能量消耗。

二、曳引机

电梯曳引机通常由电动机、制动器、减速箱、机架和导向轮、盘车手轮等组成。导向轮一般装在机架或机架下的承重梁上。盘车手轮有的固定在电动机轴上,也有平时挂在附

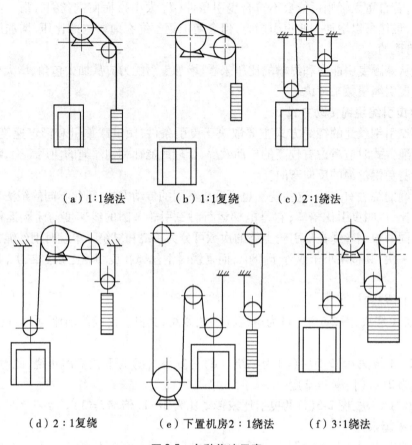

(a) 1:1绕法　　　　(b) 1:1复绕　　　　(c) 2:1绕法

(d) 2:1复绕　　　(e) 下置机房2:1绕法　　　(f) 3:1绕法

图2-5　各种绕法示意

近墙上,使用时再套在电动机轴上。

如果曳引机的电动机动力是通过减速箱传动到曳引轮上的,则称为有齿轮曳引机,一般用于2.5 m/s以下的低、中速电梯。若电动机的动力不通过减速箱而直接传动到曳引轮上则称为无齿轮曳引机,一般用于2.5 m/s以上的高速电梯和超高速电梯。现在出现了一种无机房电梯使用的曳引机,采用交流变频的永磁碟式电动机,也是无齿轮传动,重量轻、结构紧凑,额定速度为1.00～1.75 m/s。

有齿轮曳引机的减速箱常采用蜗轮蜗杆传动,具有传动比大、结构紧凑、传动平稳、运行噪声低等优点,一般用于速度2.0 m/s以下的电梯。电梯速度超过2.0 m/s时常采用斜齿轮减速装置或行星齿轮减速装置。

(一)电梯曳引用交流电动机

电梯的曳引电动机有交流电动机和直流电动机,现在一般是交流驱动,使用的都是交流电动机。

电梯是典型的位能性负载。根据电梯的工作性质,电梯曳引电动机应具有以下特点。

1.能频繁地启动、制动

电梯在运行高峰期每小时启动、制动次数经常超过100次,最高可达每小时180～240次。因此,电梯专用曳引电动机应能够频繁启动、制动,其工作方式为断续周期性工作制。

2. 启动电流较小

在电梯用交流电动机的鼠笼式转子的设计与制造上，虽然仍采用低电阻系数材料制作导条，但是转子的短路端环却用高电阻系数材料制作，使转子绕组电阻有所提高。这样，一方面降低了启动电流，使启动电流降为额定电流的 $2.5 \sim 3.5$ 倍，从而增加了每小时允许的启动次数；另一方面，由于只是转子短路端环电阻较大，利用发热量的直接散发，综合效果使电动机的温升有所下降。而且保证了足够的启动转矩，一般为额定转矩的 2.5 倍左右。不过，与普通交流电动机相比，其机械特性硬度和效率有所下降，转差率也提高到 $0.1 \sim 0.2$。机械特性变软，使调速范围增大，而且在堵转力矩下工作时，也不致烧毁电动机。这种电动机又叫交流力矩电动机。

3. 电动机运行噪声低

为了降低电动机运行噪声，采用滑动轴承。此外，适当加大了定子铁芯的有效外径，并在定子铁芯冲片形状等方面均作了合理处理，以减小磁通密度，从而降低了电磁噪声。

4. 对电动机的散热作周密考虑

电动机在启动和制动的动态过程中产生的热量最多，而电梯恰恰又要频繁地启动和制动。因此，强化散热、防止温升过高就非常重要。

首先，在电动机结构设计方面，在加强定子铁芯散热上做周密考虑。比如，有些产品设计成端盖支撑方式，省去传统的机座，使得铁芯近于成为开启式结构，增强冷却效果；加强定子和转子铁芯圆周通风道的布置；做加大风罩孔通风量设计等。

其次，附装冷却风机，由单相电容启动电动机驱动，由设在定子铁芯表面的热敏开关控制。当铁芯表面温度达到 $60\ ^\circ\text{C}$ 左右时，热敏开关动作，接通风机，对曳引电动机进行强制通风冷却。此外，考虑到一旦强制冷却失败，会使电动机温度继续升高，某些电动机产品在每相绕组均埋有热敏电阻。当电动机温度升高到 $155\ ^\circ\text{C}$ 时，内部热敏电阻阻值急剧增大，控制外电路热保护继电器动作，通过控制电路迫使电梯在就近层站换速停靠开门，直到电动机冷却后，方可重新启动运行。

交流双速和交流调压调速电梯使用双绕组双速电动机，一般在电动机定子线槽内放置两个绕组，极数为 4/16 极或 6/24 极，速度比为 4 : 1，其高速绕组用于启动和额定速度运行，低速绕组用于制动和检修运行。变压变频调速电梯使用的是专门设计的单速变频电动机。目前，永磁同步电动机也开始用于变频调速电梯。

（二）蜗轮蜗杆减速器

由于蜗轮蜗杆传动具有传动平稳、结构紧凑、运行噪声低和抗冲击载荷性较好等优点，目前广泛使用于速度不大于 $2.0\ \text{m/s}$ 的电梯。

蜗轮副的蜗杆位于蜗轮之上时称为上置式蜗轮蜗杆减速器，位于蜗轮之下称为下置式蜗轮蜗杆减速器。上置式的箱体容易密封，但蜗杆润滑比较差；下置式润滑好，但易漏油，密封要求高。

常用的蜗杆有圆柱形和圆弧回转面两种。圆柱形蜗杆加工简单，使用广泛，但其工作时共轭齿面的啮合为凸面与凸面接触，承载能力和效率均较低。圆弧回转面蜗杆的外圆是圆弧回转曲面，工作时共轭齿面的啮合为凸面（蜗轮）和凹面（蜗杆）相接触，接触面大，承载能力比前者提高50%～100%，效率提高5%～10%。但由于加工复杂，目前使用还不广泛。

蜗轮蜗杆材料的合理选择和匹配，是提高承载能力、使用寿命和传动效率的重要途径。蜗杆要用硬度高、刚性好的材料，目前大部分采用镍铬合金钢或含硅锰类合金钢，如20Cr、40Cr、42SiMn等。也有用含碳量0.4%～0.55%的碳素钢锻造的，蜗杆表面须经淬火或渗碳等硬化处理。蜗轮缘选用低摩擦系数的磷青铜、锡青铜或铜锡镍合金，一般用硬模或离心浇铸制成毛坯再经过机加工而成。

蜗轮副的承载能力与传动效率和蜗轮面的啮合情况有关，一般要求工作时实际啮合面积不小于理论啮合面积的30%～40%。同时在齿面的出口区接触，入口区不接触，中央区不参加啮合，这样可以改善润滑，提高抗黏着性磨损的能力。

蜗轮蜗杆的传动比，也就是蜗杆轴的转速与蜗轮轴的转速之比，称为减速比i，减速比i也等于蜗轮的齿数与蜗杆的螺线数（头数）之比。

为保证蜗杆和蜗轮轴的灵活转动，使轴承得到良好的润滑和补偿热膨胀的作用，蜗杆轴和蜗轮轴都应有一定的轴向游隙，《电梯曳引机》（GB/T13435—92）规定蜗杆轴的轴向游隙应符合以下要求：客梯不大于0.08 mm；货梯不大于0.12 mm。

互相啮合的轮齿，在齿不工作的面存在的间隙称齿侧间隙。该间隙用以补偿加工误差及热膨胀，防止轮齿在工作时被卡住。一般侧隙在0.065～0.10 mm之间。

减速器的润滑不但能减小表面摩擦力、减少磨损、延长机件寿命和提高传动效率，还能起到冷却、缓冲、减震、防锈等作用。润滑油的黏度对润滑质量关系很大，黏度太大，油不易进入运动件的缝隙；黏度太小，则易被挤出不能形成油膜。电梯蜗轮蜗杆减速器冬天宜用HL－20齿轮油，夏天宜用HL－30齿轮油或HJ3－28轧钢机油。润滑油的注入量可用油针或油镜来检查，一般都应加到中线位置，即蜗杆上置时油浸没蜗轮两个齿高；蜗杆下置时油保持在蜗杆的中线以上啮合面以下。在工作时减速器的油温不应超过85 ℃。

（三）机电式制动器

GB7588—2003规定：电梯必须有制动系统，而且应具有一个机电式制动器。机电式制动器在电梯正常工作时，主要保证在停站电动机断电后，保持轿厢的静止状态。在非正常的情况下，则要吸收轿厢运动的动能，使轿厢制停。

电梯的机电式制动器必须是"常闭式"制动器，即通电时制动器释放，不论什么原因失电时应立即制动。为了保证反转时制动力矩不变，不允许使用带式制动器。

制动器一般安装在电动机与减速器之间，也有安装在电动机轴或蜗杆轴的尾端，但都是安装在高速轴上，这样所需的制动力矩小，制动器的结构尺寸可以减小。制动器在电动机与减速器之间时，制动轮大都也是电动机与减速器之间的联轴器，应注意制动轮必须在蜗杆一侧，以保证联轴器破断时，电梯仍能被制停。

图2-6和图2-7是两种常见制动器的示意图。制动器主要由4个部分组成，即产生制动力的有导向的压缩弹簧、产生释放力的电磁铁装置、在制动轮上施加制动力的制动瓦和制动带（刹车片）以及传动和调整机构。

制动器在不通电时，由于制动弹簧的压力，将制动瓦和制动器紧紧地压在制动轮上。当轿厢要运行时，电磁铁通电，铁芯吸拢，通过传动机构克服弹簧的力将制动臂张开，使制动器与制动轮脱开,制动器释放。

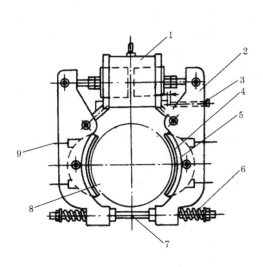

图 2-6 电磁制动器
1—电磁铁;2—制动臂;3—松闸量限位螺钉;
4—制动带;5—制动瓦;6—压缩弹簧;
7—轴;8—制动轮;9—螺杆

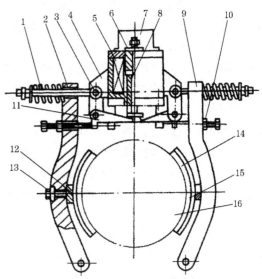

图 2-7 立式电磁制动器
1—制动弹簧;2—拉杆;3—销钉;4—电磁铁座;
5—线圈;6—动铁芯;7—罩盖;8—顶杆;
9—制动臂;10—顶杆螺栓;11—转臂;12—球面头;
13—连接螺钉;14—闸瓦块;15—制动带;16—制动轮

制动器的调整主要是调整制动弹簧的力和制动带与制动轮的间隙。电梯发生溜车,表明制动力不够,一般可调紧制动弹簧,但也可能是顶杆螺栓(见图 2-7)位置不当,应将螺栓适当调出。在制动器释放时制动带与制动轮之间的间隙四角平均应不大于 0.7 mm。间隙主要由限位螺钉和顶杆螺栓来调节,如果电磁铁通电后制动瓦不能张开或间隙太小使制动带与制动轮相擦,则一般是将限位螺钉调松或将顶杆螺栓调进一步,但也有可能是制动弹簧调得太紧,制动力太大或是电磁铁的铁芯之间间隙过小,电磁铁行程不够所致。

对制动器的要求:

(1)当轿厢载有 125% 额定载荷下行时突然失电,制动器应使轿厢可靠制停,且减速度平均值不大于 g_n。

(2)切断制动器电流,至少应用两个独立的电气装置来实现。当电梯停止时,有一个电气装置(触点)未打开,最迟到下次运行方向改变时,电梯不能再运行。

(3)在结构上制动瓦的压力必须由有导向的压缩弹簧或重锤施加。而且在制动时,必须有两块制动瓦和制动带作用在制动轮上。对电动机轴和蜗杆轴不产生附加载荷。

(4)制动带(衬)应是不易燃的,且有一定的热容量,以保证发热时摩擦系数基本不变。

(5)在结构上应能在手动紧急操作时用手动松开制动器,一般称"人工开闸"。而且"开闸"状态必须由一个持续力来保持。

(四)曳引轮

曳引轮是直接传动钢丝绳的部件,要承受轿厢、负载、对重等运动装置的全部动、静载荷。故要求强度大、韧性好、耐磨损、耐冲击。

曳引轮一般由两部分构成,中间为轮筒(鼓),外面为轮圈,绳槽加工在轮圈上,轮圈与轮筒套装并用螺栓连结成一个整体。曳引轮与减速器的蜗轮同一根轴。

曳引轮的轮圈一般用 QT60 – 2 球墨铸铁制造,曳引轮绳槽面的加工粗糙度应不低于 $R_a6.3$ μm,硬度应为 HB200 左右,同一轮上的硬度差应不大于 HB15。

曳引轮从绳槽内钢丝绳横截面的中心量出的直径叫节圆直径。标准要求节圆直径不小于钢丝绳直径的 40 倍,以减少钢丝绳的弯曲应力,延长钢丝绳寿命。一般曳引轮的节圆直径都取钢丝绳直径的 45 ~ 55 倍,也有达 60 倍。

曳引轮的绳槽数由曳引绳数决定,一般单绕的等于绳数或略大于绳数,复绕的为绳数的 2 倍。绳槽的形状直接关系到曳引力的大小。绳槽尺寸与钢丝绳是匹配的,一般半圆槽或半圆切口槽中,槽的深度(不含切口)比钢丝绳的半径大 1 ~ 2 mm,槽底圆弧的半径比钢丝绳半径大 0.25 ~ 0.3 mm。

曳引轮的支撑方式有两种,一种是曳引轮悬臂安装,一种是曳引轮的两侧都有轴承支撑。前者必须装设挡绳装置,如接绳杆,以防钢丝绳脱出。

电梯在运行中,钢丝绳与绳槽相互作用引起绳槽的磨损是正常的,但若磨损过快,尤其是各绳槽不均匀磨损时,不但影响曳引轮的寿命,也会造成电梯运行的不平稳。造成磨损的因素很多,在曳引轮方面主要有材质及其物理性能,尤其是轮槽材质的均匀性、槽面硬度的差异以及节圆半径不一和轮槽形状偏差。在载荷方面主要是载荷过大造成钢丝绳张力过大、曳引轮两侧钢丝绳的张力差过大和各钢丝绳之间的张力偏差等。

实践证明,在材质正常时钢丝绳对曳引轮的径向力也就是绳在槽内的比压与绳槽的磨损几乎成正比。比压是由钢丝绳的张力形成的,所以各钢丝绳的张力不一,使各槽的比压不同,就会造成不均匀的磨损。另外各槽的节圆直径不同,使各钢丝绳的曳引速度也不相同,运行时部分钢丝绳在槽中产生滑动,使绳槽磨损加剧,所以电梯安装后钢丝绳的张力必须认真调节,各绳的张力差要严格控制,而且曳引轮各槽节径的相对误差一般应不大于 0.10 mm。

(五)手动紧急操作装置

GB7588—2003 要求:如果向上移动具有额定载荷的轿厢,所需的操作力不大于 400 N,电梯驱动主机应装设手动紧急操作装置,以借用平滑的盘车手轮将轿厢移动到一个层站。

当电梯停电或发生故障需要对困在轿厢内的人进行救援时,就需要手动紧急操作,一般称为"人工盘车"。紧急操作包括人工开闸和盘车两个互相配合的操作,所以操作装置也包括人工开闸的装置和手动盘的装置。

人工开闸的装置视制动器结构不同而不同,如图 2-6 所示的制动器的开闸装置可以是带杠杆的夹钳形装置,开闸时夹在电磁铁两端,用手压杠杆将电磁铁夹拢,使制动臂向外张开而使制动器释放。图 2-7 的制动器的开闸装置,可以是个头部开叉的小撬扛,将开叉部位插入电磁铁上的螺帽下,撬动撬扛将电磁铁芯压下,使制动器释放,也有的开闸装置是已固定装设在电磁铁顶端的小杠杆。虽然结构不同,但都要求在开闸时需持续施力才能保持开闸状态,当人手松开时制动器必须立即制动。开闸装置一般应漆成红色放置在曳引机附近（如挂在墙上），紧急需要时随手可以拿到。

手动盘车是装置在电动机轴上的一个手轮，一般在电动机尾端，也有在电动机和减速器之间，在交流双速和交流调压调速电梯，盘车的手轮与飞轮是合二为一的，固定在电动机轴上，而在调频电梯正常运转时，手轮一般不在电动机轴上，而挂在曳引机附近，需盘车时能立即套上使用，盘车手轮应漆成黄色，而且应是边缘光滑的圆盘，不能用摇把式或杆式的装置。

手动紧急操作必须由二人共同操作，一人开闸一人盘车。有意外情况时开闸的人立即松手，电梯立即制动。

（六）曳引机机架及安装

目前曳引机大都先安装在机架上，再安装于机房的承重结构上。机架由制造厂与曳引机一起提供，一般由槽钢或钢板折弯件焊接而成。机架作为曳引机和承重梁之间的过渡结构，可以简化安装以便于调整和减少承重梁数量。现在很多电梯将导向轮安装在机架上，使曳引机和机架的组合体在运转时只有垂直方向的外力而没有水平方向的外力，在安装时只需进行垂直方向的防震连接而无需水平方向的约束。

安装曳引机的承重结构主要是由大规格的工字钢或槽钢构成的承重梁。承重梁的结构和布置由曳引的方式决定，在倍率1：1时，一般由两根槽钢组成（不用机架时一般为3根）。承重梁一头安设在由井道壁延伸上来的承重墙内，要求在墙内的支撑长度要超过墙中心 20 mm 以上，并不小于 75 mm。另一头安设在井道壁或建筑承重梁上方的墩子上。承重梁安装时，两端要垫钢板，以分散对墙体的压力。在位置和水平度调整好后应用钢板焊接固定，并用水泥浇灌牢固。承重梁的纵向水平误差应小于 0.5/1 000，两梁的相对水平误差应小于 0.5 mm。

三、曳引钢丝绳

钢丝绳是机械中常用的柔性传力构件，是由若干钢丝先捻成股，再由若干股捻成绳。一般中心还有用纤维或金属制成的绳芯，以保持钢丝绳的断面形状和贮存润滑剂。一般钢丝绳都是圆形股钢丝绳，而且按绳中钢丝接触的状态分为点接触钢丝绳、线接触钢丝绳和面接触钢丝绳。

点接触钢丝绳即为普通丝绳，是由相同直径的钢丝捻制而成的，由于制造简单、价格便宜，所以在升降机械和拖绞机械中使用十分广泛，但挠性差，使用寿命短。

线接触钢丝绳由不同直径的钢丝捻制而成，内部钢丝之间的接触成线状，钢丝间的挤压应力比点接触钢丝绳小得多。线接触钢丝绳由于挠性好，使用寿命长，现在起重机械尤其是电梯中广泛使用。

面接触钢丝绳是由不同截面的异形钢丝组成，其内部钢丝呈面接触。一般用于特种用途。

捻制钢丝绳的钢丝要有较高的强度和韧性，一般用优质碳素结构钢冷拉而成，钢中的磷、硫等杂质应控制在 0.035% 以下。钢丝绳可由单一强度的钢丝组成，也可内外层由不同强度的钢丝组成，称为双强度钢丝绳。

钢丝绳根据绳和股捻制方向分为交互捻和同向捻两种。交互捻由于绳和股的扭转趋势相反,使用中不易松散和扭转,所以常用于悬挂的场合。

(一)电梯曳引钢丝绳

电梯曳引钢丝绳承受着电梯全部的悬挂重量,并在运转时绕着曳引轮、导向轮或反绳轮单向或交变弯曲,钢丝绳在绳槽中也承受着较高的挤压应力,所以要求曳引钢丝绳应该有较高的强度、挠性和耐磨性。《电梯用钢丝绳》(GB8903—88)对曳引钢丝绳的结构和技术指标作了推荐性的规定。标准规定电梯使用线接触西鲁型钢丝绳作曳引钢丝绳,结构和直径应符合表2-1的规定,断面示意见图2-8。

表2-1　钢丝绳结构和直径

钢丝绳结构	公称直径(mm)
6×19S＋NF	6、8、10、11、13、16、19、22
8×19S＋NF	8、10、11、13、16、19、22

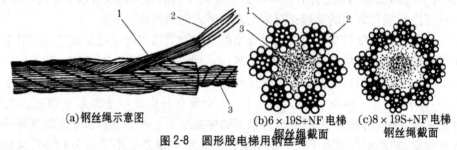

(a)钢丝绳示意图　　(b)6×19S+NF 电梯钢丝绳截面　　(c)8×19S+NF 电梯钢丝绳截面

图2-8　圆形股电梯用钢丝绳

1—绳股;2—钢丝;3—绳芯

电梯曳引钢丝绳的直径允许偏差应符合表2-2的规定,其抗拉强度级别见表2-3。

表2-2　钢丝绳直径允许偏差

公称直径 (mm)	允许偏差(%)		
	无载荷	5%最小破断载荷	10%最小破断载荷
≤10	+6 +2	+5 +1	+4 0
>10	+5 +2	+4 +1	+3 0

表2-3　钢丝绳抗拉强度级别

强度级别配制		抗拉强度级别(MPa)
单强度级别		1 570 或 1 770
双强度级别	外层钢丝	1 370
	内层钢丝	1 770

钢丝绳的标记:按GB8903—88方法规定,如结构为8×19西鲁式,绳芯为天然纤维

芯,直径为 13 mm,钢丝公称抗拉强度为 1 370/1 770(1 500)MPa,双强度配制,捻制方法为右交互捻的电梯钢丝绳标记为:

电梯钢丝绳:8 × 19S + NF – 13 – 1500(双)右交 – GB8903—88

曳引钢丝绳技术数据见表 2-4 和表 2-5。

表 2-4 6 × 19S + NF 钢丝绳技术数据

公称直径（mm）	近似重量（纤维芯钢丝绳）		钢丝绳最小破断载荷	
	天然纤维（kg/100 m）	人造纤维（kg/100 m）	单强度:1 570 MPa 和双强度:1 370/1 770 MPa 均按 1 500 MPa 单强度计算	单强度:1 770 MPa
6	13.0	12.7	17.8	21.0
8	23.1	22.5	31.7	37.4
10	36.1	35.8	49.5	58.4
11	43.7	42.6	59.9	70.7
13	61.0	59.5	83.7	98.7
16	92.4	90.1	127	150
19	130	127	179	211
22	175	170	240	283

注:钢丝绳最小破断载荷 = 钢丝破断载荷总和 × 0.86。

表 2-5 8 × 19S + NF 钢丝绳技术数据

公称直径（mm）	近似重量（纤维芯钢丝绳）		钢丝绳最小破断载荷	
	天然纤维（kg/100 m）	人造纤维（kg/100 m）	单强度:1 570 MPa 和双强度:1 370/1 770 MPa 均按 1 500 MPa 单强度计算	单强度:1 770 MPa
8	22.2	21.7	28.1	33.2
10	34.7	33.9	44.0	51.9
11	42.0	41.0	53.2	62.8
13	58.6	57.3	74.3	87.6
16	88.8	86.8	113	133
19	125	122	159	187
22	168	164	213	251

注:钢丝绳最小破断载荷 = 钢丝破断载荷总和 × 0.84。

(二)曳引钢丝绳的选择和报废

曳引钢丝绳的选择主要是决定钢丝绳的直径与根数,而且两者是相互关联的。

GB7588—2003 规定电梯的曳引钢丝绳根数不能少于 2 根,直径不能小于 8 mm。而且规定曳引钢丝绳为 2 根时其安全系数不小于 16;曳引钢丝绳为 3 根或 3 根以上时,安全系数不小于 12。一般客梯和货梯曳引钢丝绳都在 3 根以上,最常见为 4~6 根。

钢丝绳使用过程中,由于各种应力和摩擦、腐蚀等,使钢丝绳产生疲劳、断丝或磨损。当强度降低到一定程度,不能安全地承受工作负荷时就应报废。

影响钢丝绳寿命的因素有以下几个方面:

(1)拉伸力。运行中的动态拉力对钢丝绳的寿命影响很大,同时各钢丝绳的荷载不均匀也是影响寿命的重要方面,如果钢丝绳中的拉伸荷载变化为 20% 时,则钢丝绳的寿命变化达 30%~200%。

(2)弯曲。电梯运行中,钢丝绳上上下下经历的弯曲次数是相当多的,由于弯曲应力是反复应力,将引起钢丝绳的疲劳,影响寿命。而弯曲应力与曳引轮的直径成反比,所以曳引轮、反绳轮的直径不能小于钢丝绳直径的 40 倍。

(3)曳引轮槽型和材质。好的绳槽形状使钢丝绳在绳槽上有良好的接触,使钢丝产生最小的外部和内部压力,能减少磨损、延长使用寿命。另外钢丝绳的压力与钢丝和绳槽的弹性模量有关,如绳槽采用较软的材料,则钢丝绳具有较长的寿命。但应注意的是,在外部钢丝绳应力降低的情况下,磨损将转向钢丝绳的内部。

(4)腐蚀。在不良的环境下,内部和外部的腐蚀会使钢丝绳的寿命显著降低、横断面减小,进而使钢丝绳磨损加剧,特别要注意的是麻质填料解体或水和尘埃渗透到钢丝绳内部而引起的腐蚀,对钢丝绳的寿命影响更大。

除此之外,电梯的安装质量及维护的好坏、钢丝绳的润滑情况等都会影响到钢丝绳的寿命,另外,钢丝绳本身的性能指标、直径大小和捻绕形式等也都会影响钢丝绳的寿命。

我国目前尚无电梯曳引钢丝绳的报废标准,美国《升降机和自动扶梯检验员手册》中对传动比 1:1 和 2:1 的电梯曳引绳的报废有如下的规定可供参考:①如果断丝均布在各股中,则在整根曳引绳破坏最严重段里,一个捻距中的断丝数超过表 2-6 中 A 栏的数值时,应报废。②如断丝不均匀,明显集中于一股或两股中时,则在破坏最严重段里,一个捻距中的断丝数超过表 2-6 中 B 栏的数值时,应报废。③如并排破断的 4 根或 5 根钢丝穿过任何一股凸出,则在破坏最严重段里,一个捻距中的断丝数超过表 2-6 中 C 栏的数值时,应报废。④如曳引绳存在腐蚀、股中个别钢丝过度磨损、绳的拉力不均匀、绳槽粗糙等任一情况,此时上述三种情况中任一种破断丝数超过表 2-6 指出值的 50% 时,应报废。⑤当曳引绳的直径实际减少至超出表 2-7 的值时,应报废。

从表 2-7 可见,实际直径不小于原直径的 90%。

表 2-6　曳引绳报废标准

钢丝绳型号	A	B	C
6×19S－NF	24~30	8~12	12~20
8×19S－NF	32~40	10~16	16~24

注:由专职维修人员每月进行检查时可用上限。

表 2-7　曳引绳的允许最小实际直径　　　　　　　　　（单位:in）

公称直径	7/16	1/2	9/16	5/8	11/16	3/4
最小实际直径	13/32	15/32	17/32	37/64	41/64	45/64

注:1 in = 25.4 mm。

（三）曳引绳端接装置

曳引绳折两端要与轿厢、对重或机房的固定结构相连接。连接装置即是绳端接装置，一般称"绳头组合"。

端接装置不但用以连接钢丝绳和轿厢等结构,还要缓冲工作中曳引绳的冲击负荷、均衡各根钢丝绳中的张力和能对钢丝绳的张力进行调节。端接装置的连接必须牢固,标准规定连接的抗拉强度不得低于钢丝绳破断拉力的80%。

常用的连接装置有:

（1）浇灌锥套（见图2-9）:锥套通常用35~45号锻钢或铸钢制造,分离的吊杆可用10号、20号钢制造。

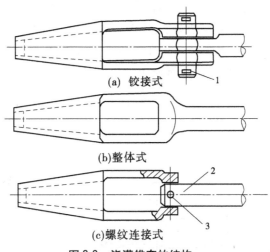

(a) 铰接式

(b)整体式

(c)螺纹连接式

图 2-9　浇灌锥套的结构

1—开口销;2—吊杆;3—定位销

钢丝绳与锥套的连接是在安装现场完成的。首先是将钢丝绳穿进清洗干净的锥套,将绳头拆散,剪去绳芯,洗净油污,将绳股或钢丝向绳中心折弯（俗称"扎花"）,折弯长度不少于钢丝绳直径的2.5倍;然后将折弯部分紧紧拉入锥套内,再把锥套垂直竖起来,将熔化的巴氏合金浇入锥套冷却后即可。浇灌时要注意锥套最好先行烘烤预热以除去可能存在的水分;巴氏合金加热的温度不能太高,也不能太低,太低了浇灌时充盈性不好,太高了易烧伤钢丝绳,一般为330~360℃;浇灌要一次完成,要让熔化的合金充满全部锥套。近来也有用不饱和聚脂或环氧树脂等热固性树脂代替巴氏合金,这种多组分的树脂在浇灌后几分钟就能固化,施工十分简便。

（2）自锁楔型绳套（见图2-10）。由绳套和楔块组成。钢丝绳绕过楔块套入绳套再将楔块拉紧,靠楔块与绳套内孔斜面的配合自锁,并在钢丝绳的拉力作用下越拉越紧。楔块的下方设有开口锁孔,插入开口锁可以防止楔块松脱。

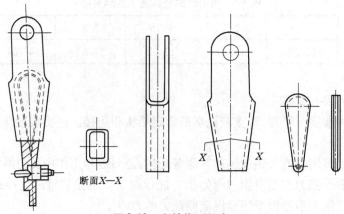

图2-10　自锁楔型绳套

（3）绳夹（见图2-11）。用绳夹固定绳头是十分方便的方法。但必须注意绳夹规格与钢丝绳直径的配合和夹紧的程度。固定时必须使用3个以上绳夹，而且U形螺栓应卡在钢丝绳的短头。绳夹的连接由于强度不稳定一般只用在杂物梯上。

端接装置除了上述的连接装置外，还有吸收冲击以及均衡张力的弹簧以及用以调节和紧固的螺帽（见图2-12），在螺杆的端部还插有开口销，以防螺帽脱出。在弹簧的两端垫有凹形或中间有凸环的垫片，应正确使用。

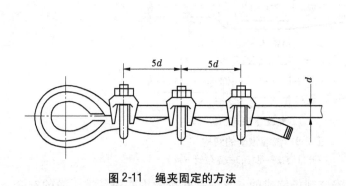

图2-11　绳夹固定的方法

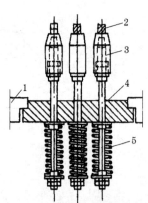

图2-12　端接装置
1—上横梁；2—曳引绳；3—锥套；
4—绳头板；5—绳头弹簧

绳头组合安装在绳头板上，绳头板必须与轿厢及对重架的上梁或机房承重梁连接牢固，一般应用焊接连接，若用螺栓固定则必须有防止螺帽松脱的措施，不应采用压板压紧固定。

四、对重与补偿装置

（一）对重装置

对重装置是曳引驱动不可缺少的部分，它还平衡轿厢的重量和部分载荷重量，减少了电动机功率损耗。对重装置的总重量一般由下式决定：

$$W = G + KQ \tag{2-3}$$

式中　W——对重装置的总重量;

　　　　G——轿厢自重;

　　　　K——平衡系数,取 0.4~0.5;

　　　　Q——额定载重量。

对重装置位于井道内,通过曳引绳经曳引轮与轿厢连接。在电梯运行过程中,对重装置通过对重导靴在对重导轨上滑行,起平衡作用。

对重装置一般由对重架和对重铁块两部分组成,采用曳引比为 1：1 和 2：1 的对重装置,如图 2-13 所示。

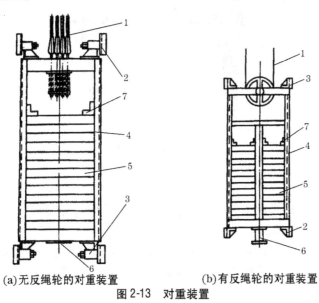

(a)无反绳轮的对重装置　　　　(b)有反绳轮的对重装置

图 2-13　对重装置

1—曳引绳;2—导轨;3—导靴;4—对重架;

5—对重块;6—缓冲器碰块;7—压紧装置

1. 对重架

对重架用槽钢和折弯钢板焊接而成。由于使用场合不同,对重架的结构形式也略有不同。根据不同的曳引方式,对重架可分为用于曳引比 2：1 的有轮对重架和用于曳引比 1：1 的无轮对重架两种。电梯的额定载重量不同时,对重架所用的槽钢和钢板的规格也不同。用不同的规格的对重架立梁,必须用尺寸相对应的对重铁块。

2. 对重块

对重块一般用铸铁做成,对重铁块的重量,以便于两个安装人员搬动为宜。一般为 25 kg、50 kg、75 kg、100 kg 几种,分别适用于额定重量为 500 kg、1 000 kg、2 000 kg、3 000 kg、5 000 kg 等几种电梯,对重铁块放入对重架后,需要压板压紧,防止电梯在运行过程中发生窜动而产生噪音。

(二)补偿装置

电梯在运行时,轿厢侧和对重侧的钢丝绳及轿厢下随行电缆的长度在不断变化。如行程 60 m 的电梯,使用 6 根直径 13 mm 的钢丝绳,钢丝绳的重量约 220 kg,电梯运行时该重量将动态地分摊在曳引轮两侧,使曳引轮两侧钢丝绳的张力不断发生变化。为减少电梯运行中由钢丝绳和随行电缆长度变化造成的曳引轮两侧的张力差,提高曳引质量,可以采用补偿装置来补偿上述的张力变化。补偿装置的形式有以下几种。

1. 补偿链

补偿链以链为主体,如图 2-14 所示,端头悬挂在对重和轿厢下面。为了减少运行时链节之间摩擦和碰撞产生的噪声,常在铁链中穿上旗绳麻绳或聚乙烯护套。这种装置中没有导向轮,结构简单,常用于速度低于 1.6 m/s 的电梯。

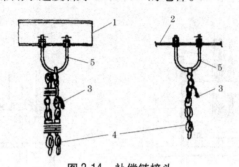

图 2-14　补偿链接头

1—轿厢底;2—对重底;3—麻绳;4—铰链;5—U 形卡箍

2. 补偿绳

补偿绳以钢丝绳为主体,如图 2-15 所示,底坑中设有绳导装置,运行平衡,可适用于速度 1.5 m/s 以上的电梯。

当 $V > 2.5$ m/s 时,为了防止平衡绳在电梯运行过程中的漂移,电梯井道中需设置张紧装置;当 $V > 3.5$ m/s 时,平衡绳或张紧装置中需配置防跳装置。

3. 补偿缆

补偿缆是近年发展起来的新型的、高密度的补偿装置,如图 2-16 所示,补偿缆中间有钢制成的环链,填塞物为金属颗粒与聚氯乙烯的混合物,形成圆形保护层,链套采用具有防火、防氧化的聚氯乙烯护套,这种补偿缆质量大、密度高,每米可达 6 kg,最大悬挂长度可达 200 m,运行噪音也小,适用于各类中、高速电梯。

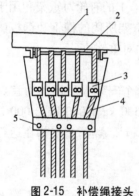

图 2-15　补偿绳接头

1—轿厢底架;2—挂绳架;
3—钢丝绳卡钳;4—钢丝绳;5—定位卡板

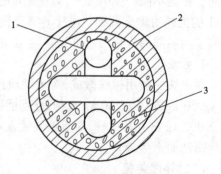

图 2-16　补偿缆截面图

1—链条;2—护套;
3—金属颗粒和聚乙烯与氯化物混合物

· 30 ·

补偿缆安装时,可采用如图 2-17 所示的方法,轿厢底下采用 S 形悬钩及 U 形螺栓连接固定,并采取加强措施。

(三)补偿重量的一般计算

下面以图 2-18 所示的曳引系统之间的关系来计算其中的补偿重量。

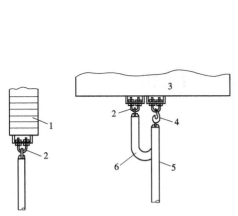

图 2-17　补偿缆的接头

1—对重;2—U 形螺栓;3—轿厢底;

4—S 形悬钩;5—补偿缆;6—安全回环

图 2-18　重量补偿系统计算关系示意图

假设:轿厢侧的钢丝绳张力为 P_1,对重侧的钢丝绳张力为 P_2,曳引绳的单位长度重量为 g_y,随行电缆的单位长度重量为 g_d,补偿缆的单位长度重量为 g_b,电梯的总行程为 H,轿厢上端钢丝绳总长度为 L。

(1)如轿厢侧不考虑轿厢自重和负载时,其张力为 $P_1 = L \cdot g_y + (H - L) \cdot g_b + 1/2(H - L) \cdot g_d$。这里忽略了随行电缆部分长度变化对张力的影响,近似地把轿底电缆和电缆输出端的悬挂张力视为相同,这种影响在提升高度很大的电梯中是很小的。

(2)如对重侧不计对重重量时,其张力 $P_2 = (H - L)g_y + L \cdot g_b$。

(3)两侧张力的差为 ΔP。

$$\Delta P = P_1 - P_2 = (2L - H)g_y + (H - 2L)g_b + 1/2(H - L) \cdot g_d$$

(4)当轿厢在最高层站时($L = 0$),两侧张力差

$$\Delta P = H(g_b - g_y + 1/2g_d)$$

(5)当轿厢在中间时($L = H/2$),两侧张力差

$$\Delta P = 1/4H \cdot g_d$$

(6)当轿厢在最底层站时($L = H$),两侧张力差

$$\Delta P = H(g_y - g_b)$$

从以上的计算式中可以看出,当轿厢在中间时与补偿重量无关,仅有随行电缆的重量。为了使轿厢在顶层和底层时的曳引力(张力)差达到平衡,应满足:

$$H(g_b - g_y + 1/2g_d) = H(g_y - g_b)$$

得 $$g_b = g_y - 1/4g_d \qquad (补偿缆单位长度重量)$$

得出补偿缆的单位长度重量后，即可选择相应重量的补偿链绳或缆进行补偿。

当将补偿缆单位长度重量的公式代入轿厢在最高层站和最低层站张力差的关系式中时，得到两种工况曳引轮两侧张力差均为 $H \cdot 1/4g_d$，因此可对曳引平衡进行修正，使对重重量为

$$W = G + KQ + 1/4H \cdot g_d$$

式中 H——电梯的总行程，m；

      g_d——随行电缆单位长度重量。

第二节　轿厢与门机构

一、轿厢

(一)概述

电梯轿厢是用于运送乘客或货物的电梯组件。电梯轿厢一般由轿底、轿壁、轿顶、轿厢架(龙门架)等几个主要构件组成，如图2-19所示。

轿厢的承载构件是轿底，轿底被固定在龙门轿架的下梁上。轿壁固定在轿底上，在轿壁外层涂有防火隔音涂料。根据电梯使用场合和客户要求轿壁内层可以喷漆，也可以配有各种装潢。在轿壁之上装着轿顶。

轿底是一种水平的金属框架，通常在该框架沿着轿厢宽度方向设置横梁，轿厢的木质地板或金属地板就放置在水平框架上。水平框架及地板的设计，按两倍额定载荷计算。图2-20为轿底与龙门轿架的一种连接形式。

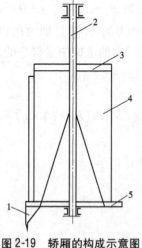

图2-19　轿厢的构成示意图
1—护脚板；2—龙门轿架；
3—轿顶；4—轿壁；5—轿底

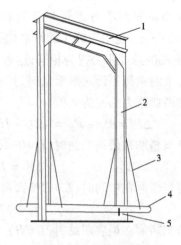

图2-20　轿架示意图
1—上梁；2—立梁；3—拉条；
4—轿底；5—下梁

轿顶应能支撑两个人,即在轿顶的任何位置上,均能承受 2 000 N 的垂直力而无永久变形。

轿顶应具有一块至少为 0.12 m² 站人用的净面积,其小边至少应为 0.25 m。如果有轿顶轮固定在轿架上,应设置有效的防护装置,以避免伤害人体、绳与绳槽间进入杂物及悬挂钢丝绳松驰时脱离绳槽。

防护装置的结构应不妨碍对轿顶轮的检查和维护,轿厢顶上应设置检修箱和电源插座。

多数电梯的轿顶上一般不设置轿顶安全窗,但根据情况和客户要求也有设置安全窗,尺寸为 0.35 m×0.5 m。考虑到发生故障情况下撤出乘客需要一定的时间,具有封闭门的轿厢应考虑通风问题。

位于轿厢上部通风孔的有效面积应至少为轿厢有效面积的 1%,位于轿厢下部任何孔洞的面积也应不少于轿厢有效面积的 1%。

轿门四周的间隙在计算通风面积时,可按有效面积的 50% 考虑。

轿厢内应装设永久性的电气照明,以确保地板面与操纵箱面板上至少有 50 lx 的照度。

对于安装在一个井道内的两台电梯,有的要求在邻近的轿壁上开设安全门,以便发生事故时疏散电梯中的乘客。

开设安全门的条件是,两轿厢的水平距离不超过 0.75 m,安全门尺寸至少应为 1.8 m 高、0.35 m 宽。

安全门与轿顶上的安全窗都应遵守下列安全条件:

(1)安全门与安全窗应有手动锁紧装置;安全窗可以不用钥匙从轿顶上打开,轿内规定只许用特制的三角钥匙开启;安全窗不应向轿内开启;安全窗在开启位置时不应超出电梯轿厢的边缘。

(2)安全门可以不用钥匙从轿外打开,轿内开启仅允许用特制的三角钥匙。安全门不应朝外开启;安全门不应设置在对重运行的路径上或阻碍乘客从一个轿厢通往另一个轿厢的固定障碍物的前面(隔开轿厢的横梁除外)。

(3)安全门与轿顶安全窗上的锁紧装置还应借助于电气安全装置来验证,没有锁紧时电梯不能启动。

轿厢地坎外应装设护脚板,见图 2-19 中序号 1,护脚板其垂直部分应布满它所面对的层门的整个宽度。此垂直部分通过一斜面向下延伸,斜面与水平面的夹角应不大于 60°。如果可能的话最好为 75°,该斜面与水平面上的投影应不小于 50 mm,此尺寸测量时应与地坎线垂直。

客梯护脚板垂直部分的高度至少为 0.75 m。

货梯护脚板垂直部分的高度应保证在轿厢处于装卸货物的最高位置时,护脚板垂直部分延伸到层门地坎线以至少为 0.1 m。

轿厢内部净高度至少应为 2 m。轿厢门的净高度同样也至少为 2 m。

上面关于轿厢的概述都是讲的一般情况。其实轿架结构多种多样,它们都是根据不同的实际情况提出来的。图 2-21 所示为多数电梯轿架的一种形式。该轿架的特点是立柱不是槽钢,而是分开的两根角钢,安全钳装在两根角钢之间。这样,相比之下降低了轿架的整体高度。

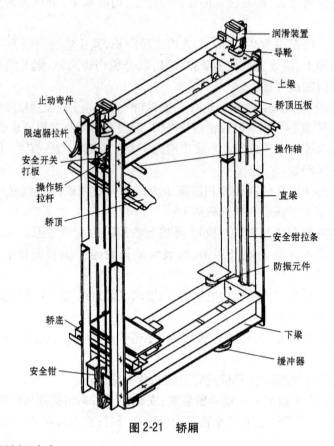

图 2-21　轿厢

(二)轿厢的防振消声

为了减少电梯运行中的振动与噪声,提高舒适感,在轿厢各构件的连接处需设置防振消声橡皮。图 2-22 所示为轿顶与轿壁之间的防振消声装置。图 2-23 所示为轿壁与轿底之间的防振消声装置。图 2-24 所示为轿架与轿顶之间的防振消声装置。图 2-25 所示为轿架下梁与轿底之间的防振消声装置。图 2-26 所示为轿厢防振消声装置。

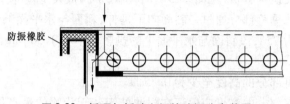

图 2-22　轿顶与轿壁之间的防振消声装置

轿厢除应在上述地方采取防振消声措施外,在其他地方,如轿厢悬挂装置上梁连接处、2∶1 曳引方式的悬挂装置、补偿链条与梁的固接处,也应考虑防振消声措施。

图 2-27(a)所示为 2∶1 曳引情况下悬挂装置的防振消声措施情况。图 2-27(b)所示为补偿链条与下梁的固接处的防振装置。

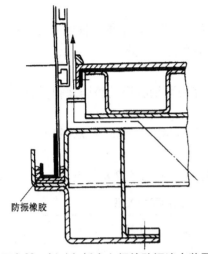

防振橡胶

图 2-23　轿壁与轿底之间的防振消声装置

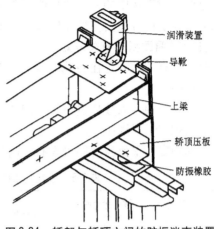

润滑装置

导靴

上梁

轿顶压板

防振橡胶

图 2-24　轿架与轿顶之间的防振消声装置

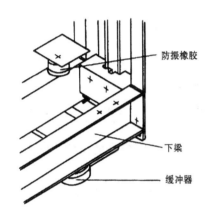

防振橡胶

下梁

缓冲器

图 2-25　轿架下梁与轿底
之间的防振消声装置

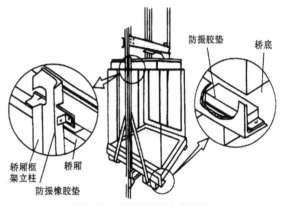

防振胶垫

轿底

轿厢框
架立柱

轿厢

防振橡胶垫

图 2-26　轿厢防振消声装置

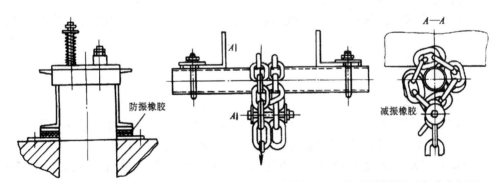

防振橡胶

减振橡胶

(a)2:1曳引方式的悬挂装置的防振消声装置　　　　(b)补偿链条与下梁的固定接处的防振消声装置

图 2-27　防振消声装置

(三)轿厢装饰

电梯是建筑物中的一个重要组成部分,使用者一方面要求电梯的性能良好,另一方面要求电梯在装饰方面要与建筑物或宾馆的等级相称和协调一致。

(四)轿厢面积的有关规定

轿厢的有效面积是在轿厢地板以上 1.0 m 高度处测量所得的轿厢面积,供乘客用的扶手可忽略不计。

为了防止乘客人数超过电梯规定的额定载重量,根据 GB7588—2003 第 8.2 条,轿厢的有效面积应予以限制。

电梯额定载重量与轿厢最大有效面积之间的关系应符合表 2-8 的规定。

表 2-8　额定载重量与轿厢最大有效面积的关系

额定载重量 (kg)	轿厢最大面积 (m²)	最多乘客人数	额定载重量 (kg)	轿厢最大面积 (m²)	最多乘客人数
300	0.90	4	1 250	2.90	16
400	1.17	5	1 500	3.40	20
630	1.66	8	1 600	3.56	21
750	1.90	10	1 800	3.88	21
800	2.00	10	2 100	4.36	28
1 000	2.40	13	2 500	5.00	33

超过 2 500 kg,每增加 100 kg,面积增加 0.16 m²。对于中间载重量,面积用线性插入法求得。

乘客电梯额定载重量与轿厢有效面积之间的关系,也可由图 2-28 确定。

最多乘客人数用下式求得

$$\frac{额定载重量}{75} = 乘客数$$

计算轿厢实际有效面积时,图 2-29 中阴影部分面积应包括在内。

一般乘客电梯的载重量、乘客人数、轿厢尺寸与电梯井道尺寸之间的关系如图 2-30 所示。

二、电梯门

(一)门的分类

(1)按安装位置分,电梯门可分为层门和轿门。层门装在建筑物每层电梯停站的门口,挂在层门上坎上。轿门则挂在轿厢上坎上,与轿厢一起上升、下降。

(2)按开门方式分,电梯门可分为中分门、旁开门。中分门有单扇中分、双折中分;旁开门有单扇旁开、双扇旁开(一般称为双折门)、三扇旁开。

(3)其他交栅门、转门(或称外敞门)、闸门(现已很少见到)。

图 2-31、图 2-32、图 2-33 分别为中分门、双折门、中分双折门示意图。

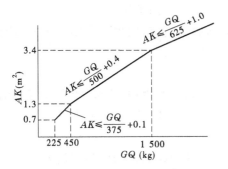

图 2-28　额定载重量 GQ 与轿厢
最大有效面积 AK 关系

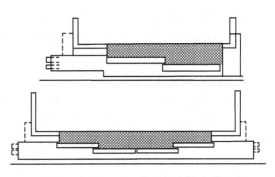

图 2-29　中分门、旁开门的轿厢的有效面积

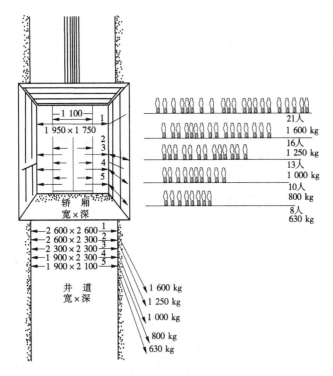

图 2-30　轿厢大小与载客数的关系参考图

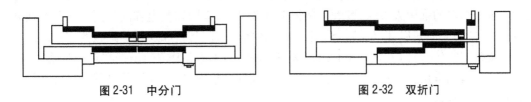

图 2-31　中分门　　　　　　　　图 2-32　双折门

(二)门的选择

1.客梯门的选择

(1)具有自动开关门机器的乘客电梯,层门、轿门一般都采用中分式封闭门。因为中

分式自动门的开关速度快,能够提高电梯的使用效率,如图 2-31 所示。

(2)在电梯井道宽度较小的建筑物内,乘客电梯的层门、轿门也可采用双折式封闭门。

2. 货梯门的选择

货梯一般都希望门口开得大些,便于运货车辆进出口装卸货物。同时,由于货梯使用像客梯那样频繁,开、关门的时间虽然长些,但对电梯的使用效率影响不大,所以货梯门一般都采用旁开门,如图 2-32 所示。

对于有司机的手开货梯,轿门采用交栅门(或带有玻璃窗的封闭门),层门采用封闭式双折门,如图 2-34 所示。

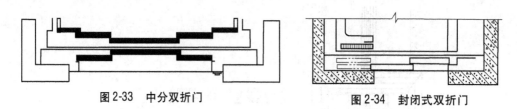

图 2-33　中分双折门　　　　　　　　图 2-34　封闭式双折门

轿门采用交栅门的目的是便于司机观看电梯到了什么位置,层门采用双折式封闭门的目的是为了减少井道内和轿厢内的灰尘,改善轿厢内卫生状况,增加美观性。

目前,交栅门基本上已不再被采用。

(三)轿门结构及安全方面的要求

轿门也称轿厢门,是为了确保安全,在轿厢靠近层门的侧面,设置供司机、乘用人员和货物出入的门。

栅栏式轿门用小槽钢和小扁钢制成。门上方的小槽钢装置有滚动轴承,通过滚动轴承把门吊挂在门导轨上,而门导轨则固定在轿顶上。在门下方,在装有滚动轴承的小槽钢的另一端,装置有门滑块,门滑块的一端固定在小槽钢上,另一端插入轿门踏板的上槽内。开关门时,门上方的滚动轴承在门导轨上滚动,门下方的门滑块在轿门踏板的小槽内滑行。

封闭式轿门的结构形式与轿壁相似。由于轿厢门常处在运行的开关过程中,所以在客梯和医梯的轿门背面常作消声处理,以减少开关门过程中由于振动所引起的噪声。更高级的电梯,除在轿门背面作消声处理外,还装有称为安全触板的装置,这种装置在关门过程中,在轿门的运行方向上,能比轿门超前伸出一定的距离。当装置超前伸出轿门部分碰压进入轿厢的乘用人员时,装置上的微动开关动作,立即切断电梯的关门电路并接通开门电路,使门立即开启,以免挤伤乘用人员。封闭式轿门与轿厢及轿厢踏板的连接方式与栅栏式轿门相仿,轿门上方设置有吊门滚轮,通过吊门滚轮把轿门吊挂在轿门导轨上,门下方装置有门滑块,门滑块的一端插入轿门踏板的小槽内,使门在开关过程中只能在预定的垂直面上运行。

(四)层门结构及安全方面的要求

进入轿厢的井道开口处应设置无孔的层门。门关闭时,在门扇之间或门扇与立柱、门楣或地坎之间的间隙应尽可能的小。对于乘客电梯此间隙不得大于 6 mm,对于载货电梯此间隙不得大于 8 mm。

为了避免剪切事故的发生,自动门外面的凹进或凸出部分应不超过 3 mm。它们的边缘应向左右运动的方向倒角。

门和门框的结构应在使用过程中不产生变形,为此都采用片厚 1～1.5 mm 的薄钢板制成。

层门应具有这样的机械强度,即当门在关闭位置时,用 300 N 的力垂直地施加于门扇的任何一个面上的任何部位处(使这个力均匀地分布在 5 cm² 的圆形或方形区域内),应能满足以下要求:①无永久变形;②弹性变形不大于 15 mm;③动作性能良好。

为能经受住进入轿厢载荷的通过,每个停站层门入口处都应装设一个具有足够强度的地坎,并建议各层地坎前面应有少许坡度,以防洗刷、洒水时水流入井道。

层门的上部和下部都应设有导向装置。自动门的设计应尽量减少乘客被门扇撞击的有害后果,为此必须满足下列条件:

(1)阻止关门的力应不超过 150 N,这个力的测量不应在门行程开始的 1/3 之内进行。

(2)当乘客在层门关闭期间被门扇撞击时,门应能自动返回开门。

(3)电梯正常使用时,应不可能打开扇门。除非轿厢已停在或刚好要停在该层站的开锁区域内。

(4)开锁区域不得超过层站地坪上、下的 0.2 m,对于用机械操纵轿门和层门同时动作的情况下,开锁区域可增加到层站地坪上、下的 0.35 m。

(5)如果层门开着,电梯应不能启动或继续运行。

(6)每个层门应设置门锁装置,上锁时必须由电气安全装置来证实,门没有上锁电梯不能启动和运行。

(7)每个层门均应能借助于一个特制专用的三角钥匙开启。

(8)在轿门与层门联动的情况下,当轿厢在开锁区域以外时,这个层门无论因为任何原因而开启,应有一种装置能确保层门自动关闭。

图 2-35 所示为双折式层门自动关闭装置。

(五)层门框与电梯井道壁的固定

电梯的层门是通过特殊的装置固定在井道壁上的。图 2-36 所示为中分层门与井道壁的固定情况。

图 2-37 所示为双折厅门框与井道壁的固定情况。

三、开、关门机构

电梯的开、关门方式分手动和电动两种。电动开、关门一般为自动开、关门。

由于自动开、关门具有效率高、减轻司机劳动强度等优点,所以目前生产的电梯绝大多数都是自动开、关门电梯。

(一)手动开、关门机构

电梯产品中采用手动开、关门的情况已经很少,但在少数货梯、医梯中也还有采用手动开、关门的。

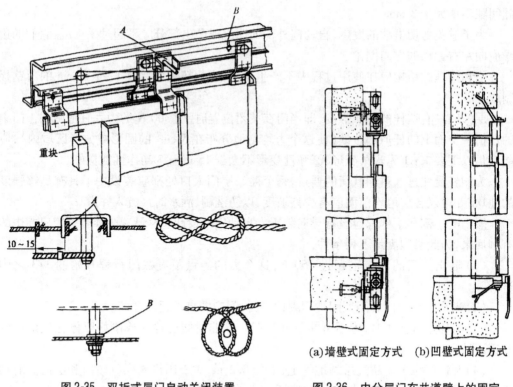

重块

10～15

(a)墙壁式固定方式　(b)凹壁式固定方式

图2-35　双折式层门自动关闭装置　　图2-36　中分层门在井道壁上的固定

采用手动开、关门的电梯,是依靠分别装置在轿门和轿顶、层门与层门框上的拉杆门锁装置来实现的。

拉杆门锁装置包括装在轿顶或厅门框上的锁和装在轿门或层门上的拉杆两部分。门关妥时,拉杆的顶端插入锁的孔里,由于拉杆压簧的作用,在正常情况下拉杆不会自动脱开锁,而且轿门外和层门外的人员用手也扒不开层门和轿门。开门时,司机手抓拉杆往下拉,拉杆压缩弹簧使拉杆的顶端脱离锁孔,再用手将门往开门方向推,便能实现手动开门。

由于轿门和层门之间没有机械方面的联动关系,所以开门或关门时,司机必须先开轿门后再开层门,或者先关层门后再关轿门。

采用手动门的电梯,必须是有专职司机控制的电梯。开、关门时,司机必须用手依次关闭或打开轿门和层门,所以司机的劳动强度很大,而且电梯的开门尺寸越大,劳动强度就越大。随着科学技术的发展,采用手动开、关门的电梯将越来越少,逐步被自动开、关门电梯所取代。常用的拉杆门锁装置如图2-38所示。

(二)自动开、关门机构

无司机电梯的普遍推广,则要求电梯一定具有自动开、关机构。

图2-39、图2-40分别为中分式(包括中分双折门)开、关门机构和双折式开、关门机构简图。

(1)开、关门机构的一般工作原理:开、关门机构设置在轿厢上部特制的钢架上。当电梯需要开门时,开、关门电动机通电旋转,通过皮带轮减速,当最后一级减速皮带轮转动180°时,门达到开门的最后位置。当需要关门时,电动机反转,通过皮带轮减速,当最后一级减速皮带轮转动 180°时,门达到关门的最后位置。

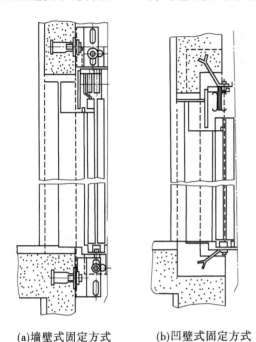

(a)墙壁式固定方式　　(b)凹壁式固定方式

图 2-37　双折层门框在井道上的固定

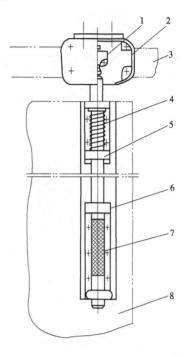

图 2-38　拉杆门锁装置

1—电联锁开关;2—锁壳;3—吊门导轨;4—复位弹簧;
5、6——拉杆固定架;7—拉杆;8—门扇

(2)开、关门的安装要求:对于中分门或中分双折门,当门关闭时图 2-37 中铰点 1 和 2 的位置应该处在同一水平线上。如果铰点 1 的位置高于或低于铰点 2 的位置,门就能够从外部撬开,容易发生事故,不符合电梯安全规程要求。

对于双折门也有同样的要求。图 2-38 中铰点 1 和 2 的位置,当层门关闭时也应处在同一水平线上。如果铰点 1 的位置稍偏高铰点 2 的位置一些也是可以的,但不可以偏低铰点 2 的位置,因为这样门就能够从外部撬开。

(3)开、关门的调速要求:在关门(或开门)的起始阶段和最后阶段都要求门的速度不要太高,以减少门的抖动和撞击,为此在门的关闭和开启过程中需要有调速过程,通常是机械上要配合电气控制线路,设置微动调速开关。

(4)带传动速比计算:设开门电动机转速为 $n(\text{r/min})$,开门时间为 $t(\text{s})$,则皮带传动速比

$$i_T = \frac{n/60}{\frac{1/2}{t}} = \frac{nt}{30} \tag{2-4}$$

(5)对开、关门电动机的功率要求:如门的电动机功率不够,就不能保证电梯正常开、关门的要求。如果电动机功率选得过大,则当门夹人时,在安全触板、光电保护装置及轿门上的关门力限制器都失灵的情况下,关门夹人的力量就有可能大大超过电梯安全规程

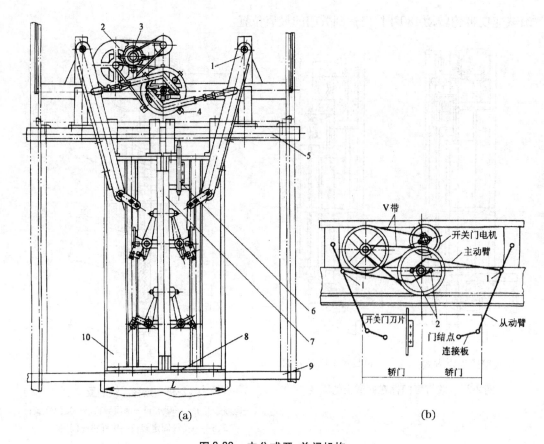

(a)   (b)

图 2-39 中分式开、关门机构

1—拨杆;2—减速皮带轮;3—开关门电机;4—开关门调速开关;5—吊门导轨;

6—门刀;7—安全触板;8—门滑块;9—轿门踏板;10—轿门

中规定的 150 N。因此,选择开、关门电动机功率时一定要经过认真的计算。

四、层门门锁

门锁是锁住层门不被随便打开的重要安全保护机构。当电梯在运行而并未停站时,各层层门都被门锁锁住,不被乘客从外面将厅门撬开。只有当电梯停站时,层门才能被安装在轿门上的开门刀片带动而开启。

当电梯检修人员需要从外部打开层门时,需要用一种符合安全要求的特制钥匙才能把门打开。

门锁装在层门的上方,如图 2-41 所示。

图 2-41 中左半部分为层门开启、门锁打开的情况,右半部分为层门关闭上锁的情况。

对中分式层门,有在两扇层门上各装一把门锁的,如图 2-41 所示,也有只在一扇层门上装一把门锁的,对于这种情况,层门上需设置一套传动系统方可保证另一扇层门的开启。

图 2-42 所示为门锁结构简图,其工作情况如下。

电梯运行时,安装在轿门上的"刀片"从门锁上的两只橡皮轮中间通过。当停站开门

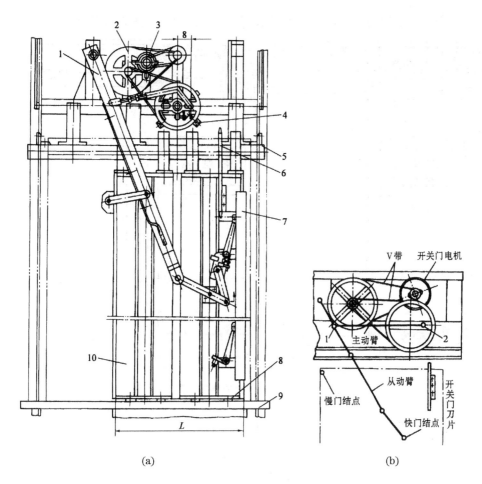

(a)   (b)

图 2-40　双折式开、关门机构

1—拨杆;2—减速皮带轮;3—开关门电机;4—开关门调速开关;5—吊门导轨;
6—门刀;7—安全触板;8—门滑块;9—轿门踏板;10—轿门

时,"刀片"随轿门横向移动。

图 2-42 所示的为"刀片"向右移动开锁的门锁结构。"刀片"向右移动,促使右边的橡皮轮绕销轴转动,并使锁钩脱离挡块开锁。

在开锁过程中,左边的橡皮轮以较快的速度接触"刀片",当两橡皮轮将"刀片"夹持之后,右边的橡皮轮停止绕销轴转动,层门开始随着"刀片"一起向右移动,直到门开足为止。

在门锁开锁时,其撑牙依靠自重的作用将锁钩撑住,这样就保证了电梯关门,"刀片"推动右边的橡皮轮时,左边的橡皮轮及锁钩不发生转动,并使层门随同"刀片"一起,朝着关门方向运动,当门接近关闭时,撑牙在限位螺钉的作用下与锁钩脱离接触,使层门上锁。

检查门是否关紧和上锁,一般用门锁电接点(或开关)来鉴定。如果门已上锁,电梯就能启动;如果没有上锁,电梯就不能启动。这一点是非常重要的。

具体的门锁结构,各电梯制造厂家也有不同。

图 2-43 所示为门锁装配结构简图。

门锁的打开是靠轿门"刀片"的张开来实现的。轿门刀片如图 2-44 所示。

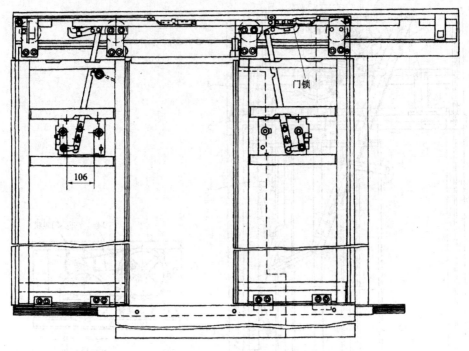

图 2-41　层门与门锁的装配位置

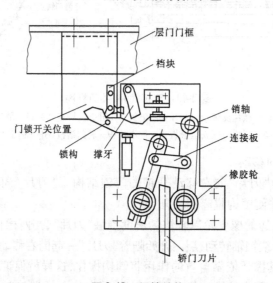

图 2-42　门锁结构

当电梯运行时,安装在轿门上的开门刀片收紧(闭合),此时两刀片间的宽度为 80 mm。当电梯停站开门时,两刀片将逐渐张开,张开到 106 mm 时门锁被打开,详见图 2-41 左上部分。

五、门的传动结构

对于仅有一把门锁的中分层门和双折层门都有门的传动结构问题。

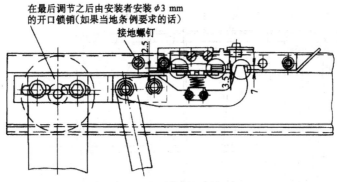

在最后调节之后由安装者安装 $\phi 3\,\text{mm}$ 的开口锁销(如果当地条例要求的话)

接地螺钉

图 2-43　门锁装配结构图

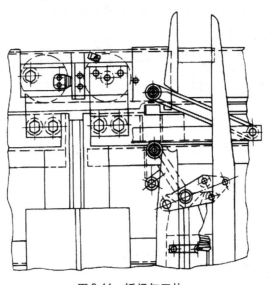

图 2-44　轿门与刀片

(一)中分式层门传动结构

图 2-45 所示为仅有一把门锁的中分式层门传动结构简图。钢丝绳绕过固定在门框上的定滑轮,并分别在两扇厅门上固定,见图 2-45 中 a、b 两点。

这样当一扇门朝着开门方向移动时,另一扇门也朝着开门方向移动;反之,一扇门朝着关门方向移动时,另一扇门也朝着关门方向移动。

(二)双折式层门传动结构

(1)杠杆式传动结构:图 2-46 所示为双折式层门杠杆结构简图。

(2)钢丝绳式传动结构:图 2-47 所示为一种形式的双折式层门钢丝绳传动结构简图。钢丝绳绕过慢门上的两个门滑轮,两头分别在 a 处和快门门滑轮 b 处得到固定。

层门门锁装在快门上。当轿门刀片通过门锁带动快门运动时,快门和慢门速比保持为2: 1。

门锁装在快门上,当图中 $x_1 = x_2 = x_3 = x_4$ 时,快门和慢门速比保持为2: 1。

当 $x_1 = x_2$、$x_3 = x_4$ 但 $x_1(x_2) \neq x_3(x_4)$ 时,快门与慢门速比

$$i = \frac{S}{x}$$

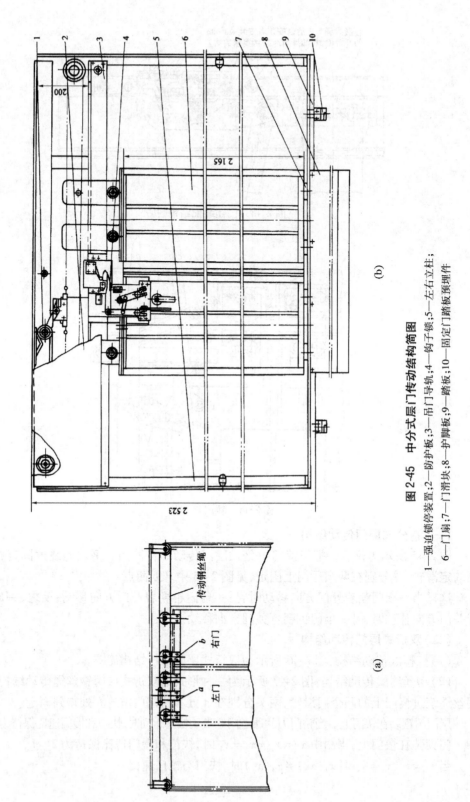

图 2-45 中分式层门传动结构简图

1—强迫锁停装置;2—防护板;3—吊门导轨;4—钩子锁;5—左右立柱;
6—门扇;7—门滑块;8—护脚板;9—踏板;10—固定门踏板预埋件

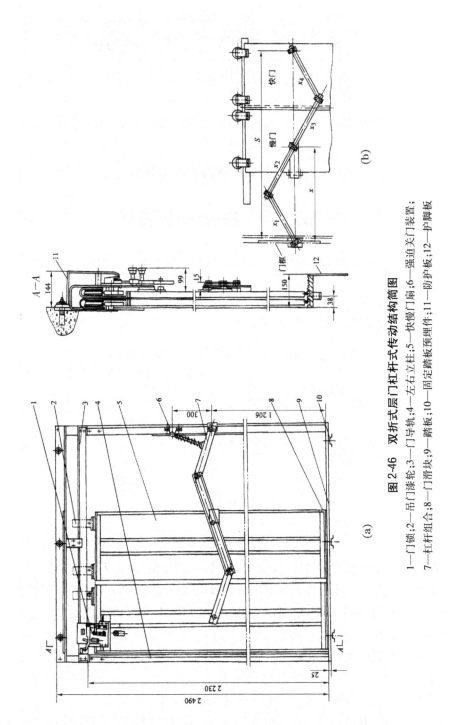

图 2-46 双折式层门杠杆式传动结构简图

1—门锁;2—吊门滚轮;3—门导轨;4—左右立柱;5—快慢门扇;6—强迫关门装置;
7—杠杆组合;8—门滑板;9—踏块;10—固定踏板预埋件;11—防护板;12—护脚板

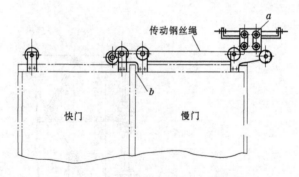

图 2-47 双折式层门传动结构简图

第三节 机械安全装置

一、机械安全装置工作概况

电梯的安全装置分为电气安全装置和机械安全装置。整台电梯安全装置动作系统，如图 2-48 所示(急停按钮根据需要而设置)。

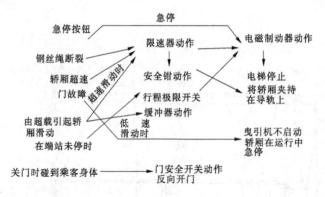

图 2-48 安全装置动作系统

机械安全装置主要有限速器、安全钳、缓冲器、安全窗、盘车手轮等部件。

在电梯中,限速器、安全钳装置是十分重要的安全保护装置。它的作用在于:因机械或电气的某种原因,例如断绳或失控使电梯超速下降时,当下降速度达到一定限值时,将轿厢掣停在导轨上。

不论是限速器还是安全钳都不能单独完成上述任务,上述任务的完成是靠它们的配合动作来实现的。

限速器、安全钳、轿厢三者之间的结构关系如图 2-49 所示。

限速器绳是一根两端封闭的钢丝绳,上面套绕在限速器轮上,下面绕过挂有重垂物的张紧轮,在限速器绳的某处与轿厢安全钳的连杆系统固定。而连杆系统则装在轿厢上梁预留孔中,如图 2-50 所示。这样就使限速器轮的转速和轿厢的运行速度发生了联系,即限速器轮的转速反映了电梯的下降速度。

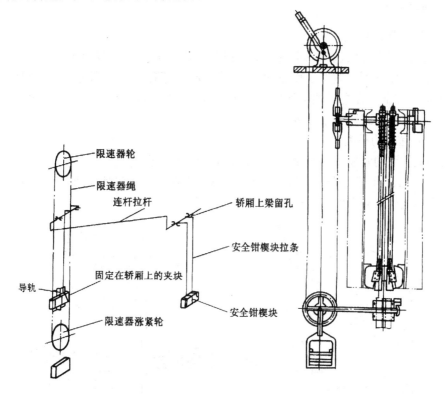

图 2-49　限速器、安全钳、轿厢三者结构示意图

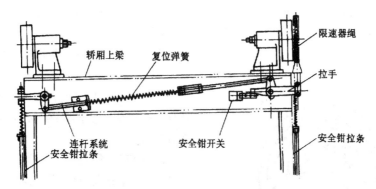

图 2-50　限速器、安全钳的连杆系统图

在电梯以额定速度下降时,尽管限速器绳对连杆系统有一个向上的提拉力,但因提拉力比较小,被图 2-50 中所示的预压缩复位弹簧力所平衡,所以连杆并不发生转动。

当下降速度达到限速器动作的规定速度时,限速器就被其夹绳装置夹持掣停。与此同时,由于轿厢继续下降,这时被掣停的限速器绳就以较大的提拉力,使其连杆系统发生转动,并通过安全钳拉条提起安全钳楔块,根据自锁原理,将轿厢掣停在导轨上,达到保护轿厢、乘客或货物的目的。

二、限速器

（一）限速器的结构

任何限速器本身都包括三个机械部分：其一是反映电梯运行速度的转动部分；其二是当电梯运行速度达到限速器动作速度时，根据离心力原理将限速器绳夹紧的机械自锁部分，限速器应保证仅在电梯超速下降时起作用，故有安装方向性，绝对不允许装错；其三是限速器钢丝绳下部张紧装置部分。

（二）限速器的种类

电梯上使用的限速器种类很多，通常可归纳为以下两大类。

（1）离心式锤形限速器。图 2-51 所示为离心式锤形限速器外形图。限速器轮直径至少是限速器钢丝绳直径的 30 倍。

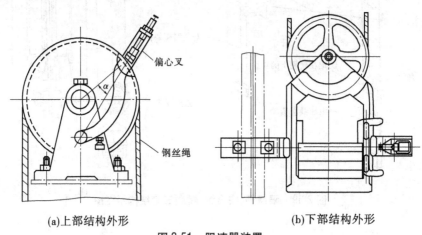

(a)上部结构外形　　　　　　　　(b)下部结构外形

图 2-51　限速器装置

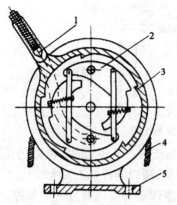

图 2-52　锤形限速器内部结构简图
1—压绳舌；2—甩锤；3—锤罩；
4—钢丝绳；5—座

图 2-52 所示为离心式锤形限速器的内部结构简图。

（2）立轴式球形限速器。图 2-53 所示为球形限速器的外形图。图 2-54 所示为球形限速器上部结构简图。

（三）工作原理

（1）锤形限速器的工作原理。当轿厢超速下降时，限速器轮在限速器绳与其绳槽间的摩擦力的作用下，转速加快。因而离心锤所受到的离心力相应地也随之增大，并使离心锤绕着销轴转动，重心外移。当离心力增大到一定值时，离心锤上的内凸子将和锤罩上的外凸子相啮合，使锤罩带动偏心叉一起向着轿厢下降方向转动。当转动到偏心叉中的压绳舌与限速器绳接触时，根据自锁原理，压绳舌将限速器掣停,进而带动安全钳动作将轿厢夹持于导轨上。

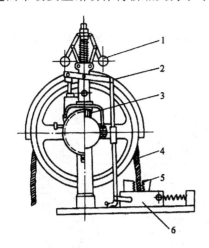

图 2-53 球形限速器外形示意图

1—甩球;2—连杆;3—伞形齿轮;4—钢丝绳;
5—卡爪;6—座

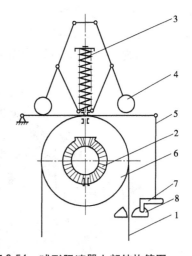

图 2-54 球形限速器上部结构简图

1—限速器钢丝绳;2—锥齿轮对;3—调节弹簧;
4,5—杠杆;6—限速器轮;7—钩子;8—偏心块或夹块

(2)球形限速器工作原理。限速器绳带动限速器旋转,并将其运动传给一对锥齿轮,使其立轴带动一对飞球转动。随着限速器转速的提高,飞球所产生的离心力不断增加。飞球在克服调节弹簧及结构自重沿立轴向下分力的基础上,不断抬高位置。在飞球抬高位置的过程中,杠杆相应地上提,当提到一定位置时,钩子就与偏心块(或楔块)脱离。在偏心块(或楔块)自重和一定的附加重量的作用下,根据自锁原理,使随着电梯一起下降的限速器钢丝绳掣停,从而促使安全钳动作,将轿厢夹持在导轨上。

在电梯产品中,甩锤式限速器被用在梯速 $V \leqslant 1.0$ m/s 的低速电梯上,$V > 1.0$ m/s 的快速梯和高速梯均选用球形限速器。限速器的动作速度与轿厢运行速度的关系一般按表 2-9 规定的数值进行调整。

表 2-9 轿厢运行速度与限速器动作速度配合表 (单位:m/s)

轿厢额定速度	限速器动作速度(最大值)	轿厢额定速度	限速器动作速度(最大值)
0.5	0.85	1.75	2.26
0.75	1.05	2.00	2.55
1.00	1.40	2.25	3.13
1.50	1.98	3.00	3.70

通过钢丝绳与限速装置连接在一起的安全钳,当电梯运行速度达到限速器动作速度时,通过钢丝绳、安全钳传动机构等,使位于安全嘴内、加工成具有一定角度的斜面楔块,由于受安全嘴和盖板的限制,在安全钳拉杆的牵动下,把轿厢卡在导轨上,制止轿厢向下移动。

在电梯产品中,新型的 GBF 限速器用于额定速度为 $1 \sim 10$ m/s 的电梯上。而 GBP 限速器用于额定速度在 1.6 m/s 以下的各类电梯上,速度 1.6 m/s 的电梯可以选用 GBF 限速器,也可以选用 GBP 限速器。

GBF 型限速器的外形及其工作原理基本上与我们前面叙述的锤形限速器相似。

图 2-55 所示为 GBF 限速器结构简图。

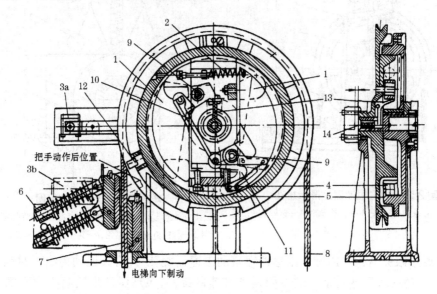

图 2-55　GBF 限速器结构简图

1—离心块;2—调速拉簧;3a—超速开关;3b—断电开关;4—制动轮;5—闸轮;6—夹绳装置;7—夹绳夹块;
8—限速器绳;9—离心块转轴;10—连杆;11—导向件;12—把手;13—拨杆;14—顶杆

GBF 限速器与用于电梯上的其他种类限速器一样,也是根据离心力原理设计的。其工作原理简介如下:

当电梯上、下运行时,固定在轿厢架上的安全钳拉杆带动限速器绳驱动限速器轮旋转。限速器轮旋转时线速度与电梯的运行速度相同。

当电梯运行时,限速器中的两个离心块分别绕着各自的转轴向外张开,其张开的程度与电梯运行速度的大小成正比。

当电梯超过额定速度运行达到触点动作速度 VCKI(见表 2-10)时,离心块通过拨杆推动顶杆,使杠杆系统失去平衡,打开超速开关,切断电梯的控制电路。

当电梯继续超速运行时,离心块张开的程度继续增大,随之制动轮逐渐接近闸轮和导向件所形成的自锁夹道。

电梯下降运行速度达到 VCAI(见表 2-10)时,处于静止状态的闸轮通过摩擦力的作用使制动轮顺时针方向旋转,并被推进自锁夹道里自锁。此时,限速器绳将带动限速器轮和闸轮一起旋转,置于闸轮凹槽中的把手在闸轮的作用下向下移动,同时使夹绳装置动作,夹绳夹块将限速器绳夹持,并给安全钳拉杆一个超过正常运行时的向上的提拉力,使安全钳动作。

夹绳装置动作的同时,断电开关被打开,切断安全回路,使曳引电动机断电,达到保护乘客及电梯设备安全的目的。

表 2-10　动作速度

额定速度（m/s）	触点动作速度（r/min）				制动动作速度（r/min）			
	VCKI		NCKI		VCAI		NCAI	
	最大值	最小值	最大值	最小值	最大值	最小值	最大值	最小值
0.40	0.69	0.65	41	40	0.69	0.66	41	40
0.5	0.69	0.66	41	40	0.69	0.66	41	40
0.63	0.83	0.79	50	48	0.83	0.79	50	48
0.75	0.96	0.92	57	55	0.93	0.96	57	55
1.00	1.25	1.19	75	72	1.34	1.28	80	77
1.6	1.85	1.76	111	106	1.99	1.90	119	114
1.75	2.01	1.91	120	115	2.16	2.06	129	123
2.00	2.28	2.17	136	130	2.45	2.33	146	140
2.5	2.80	2.66	167	159	3.02	2.87	180	172
3.00	3.35	3.19	200	191	3.61	3.43	215	205
3.15	3.51	3.34	210	200	3.78	3.60	226	215
4.00	4.44	4.22	265	252	4.78	4.55	285	272
5.00	5.53	5.26	330	315	5.96	5.67	355	339
6.3	6.95	6.61	415	395	7.49	7.12	447	426

GBF 限速器电开关（触点）动作速度和限速器钢丝绳被制动的动作速度见表 2-10。

（四）限速器夹绳装置

限速器的夹绳装置都是根据自锁原理设计的。所谓"自锁"就是当限速器钢丝绳被夹持以后，即当限速器被一个向下力牵引时，限速器绳将愈拉愈紧，直至钢丝绳停止向下滑移。

图 2-56 为 5 种常见的夹绳装置简图。

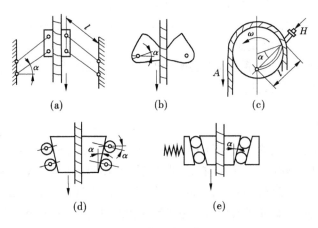

(a)　　　　(b)　　　　(c)

(d)　　　　(e)

图 2-56　夹绳装置简图

1. 夹绳装置的自锁条件

(1)夹块式夹绳装置见图 2-56(a),其自锁条件为:

$$\mu_1 > \tan\alpha \tag{2-5}$$

式中　μ_1——夹块与限速器钢丝绳之间的摩擦系数。

(2)偏心块式夹绳装置见图 2-56(b),其自锁条件为:

$$\mu_2 > \tan\alpha \tag{2-6}$$

式中　μ_2——偏心块与限速器钢丝绳之间的摩擦系数。

(3)偏心叉式夹绳装置见图 2-56(c),其自锁条件为:

$$\mu_3 > \tan\alpha \tag{2-7}$$

式中　μ_3——压绳舌与限速器钢丝绳之间的摩擦系数。

(4)楔块滚柱式夹绳装置见图 2-56(d),其自锁条件为:

$$\mu_4 > \tan\alpha \tag{2-8}$$

式中　μ_4——楔块与限速器绳之间的摩擦系数。

(5)可调式楔块滚柱式夹绳装置见图 2-56(e)。

前面讲到的四种夹绳装置的夹绳动作均在瞬间完成,对于速度较高的电梯,为了减少安全钳动作时造成的破坏性,都不采用瞬时动作的夹绳装置,而希望限速器绳被夹紧时有一个过程。这种夹绳装置,通过对弹簧的调节改变楔块与限速器钢丝绳之间的压力的大小。其自锁条件同样是:

$$\mu_5 > \tan\alpha \tag{2-9}$$

式中　μ_5——楔块与限速器钢丝绳之间的摩擦系数。

2. 提高夹绳装置可靠性的方法

夹绳装置必须满足自锁条件 $\mu_5 > \tan\alpha$,这样才能保证夹块(或楔块)与限速器钢丝绳接触时,随着限速器绳不断下降,其夹绳紧力不断增大,当夹紧力大到一定程度,限速器绳被掣停在限速器轮上。

提高夹绳装置工作时的可靠性有以下两种方法:

(1)μ 与 $\tan\alpha$ 的差值越大越好,为此有时需要将夹块与限速器钢丝绳相接触的表面做成 V 形等特殊形状以增大 μ 值。

(2)增大夹块与限速器钢丝绳接触瞬间的压力,为此需要增加夹块的质量,而最常用的办法是给夹块配附加质量。

三、安全钳

《电梯制造与安装安全规范》(GB7588—2003)规定,电梯厢下部都应设置一套只能在电梯超速下降时动作的安全钳。在达到限速器动作时,甚至在悬挂钢丝绳断裂的情况下,安全钳应能保证使满载轿厢掣停在导轨上,并能保持静止状态。若电梯额定速度超过 0.63 m/s,轿厢应采用渐进式安全钳。电梯额定速度不超过 0.63 m/s 时可采用瞬时式安全钳。

在满载轿厢自由下落的情况下,渐进式安全钳制动过程中的平均减速度应在 0.2 g ~ 1.0 g。

只有将被掣停在导轨上的轿厢向上提起时方有可能使安全钳复位。

安全钳动作时,在载荷均匀分布的情况下,轿厢地板的倾斜度不应超过其正常位置的5%。当轿厢安全钳作用时,装在其连杆系统中的安全开关应在安全钳动作以前使电动机停止运行。

图2-57所示为安装在轿厢框架下梁上的双楔块安全钳与导轨和拉条之间关系的示意图。

当限速器钢丝绳被夹绳装置制动后,安全钳两楔块将被安全钳拉条向上提起。在提起楔块的过程中,楔块与导轨面间的距离越来越小,最终楔块与导轨面相接触。根据自锁原理,楔块与导轨之间的摩擦力使超速下降的轿厢夹持在导轨上。

安全钳使轿厢掣停在导轨上的过程中,将轿厢、载重等所有的动能全部转换成摩擦功。

按照结构上的特点,安全钳可以分为偏心式、滚子式、楔块式及钳式等数种。

按制动电梯轿厢时间的长短,安全钳可分为瞬时作用式、滑动式(或称渐进式)两种。瞬时作用式安全钳,轿厢掣停距离很小;滑动式安全钳,轿厢掣停距离较大。

电梯上所采用的安全钳种类较多,其结构由安全钳座、楔块(偏心块或滚子)、拉条等组成。当电梯正常运行时,楔块(偏心块或滚子)与导轨面间的间隙一般为2~3 mm。

(一)偏心块式安全钳

图2-58所示为偏心块式安全钳结构简图。该安全钳中的偏心块、夹紧块都固定在轿厢下梁上,安全钳在轿厢下梁两侧各装一只。当电梯超速下降,限速器动作时,被掣停了的限速器钢丝绳带动偏心块转动,直到偏心块与导轨相接触。

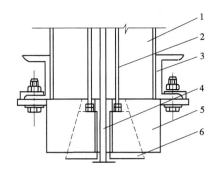

图2-57 双楔块安全钳简图

1—主梁;2—安全钳拉条;3—下梁;4—导轨;
5—安全钳座;6—安全钳楔块

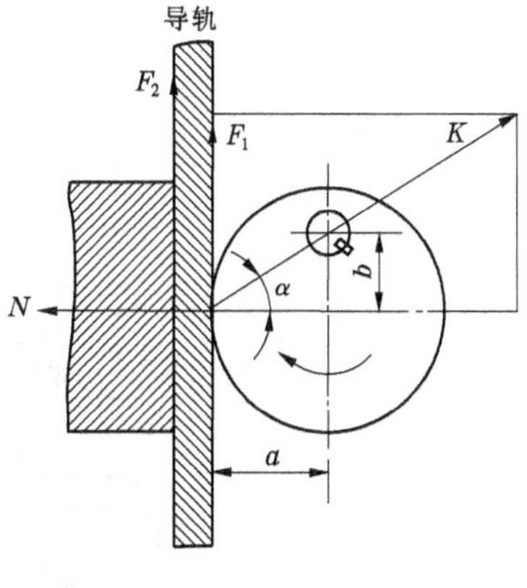

图2-58 偏心块式安全钳示意图

(二)滚子式安全钳

图2-59所示为滚子式安全钳结构简图。

斜夹块与平夹块固定在轿厢下梁上,当限速器动作时,圆柱形滚子或滚珠上提,使之与斜夹块和导轨工作面相接触。

（三）楔块式安全钳

图 2-60 所示为楔块式安全钳结构简图。

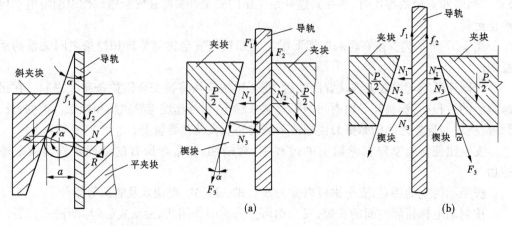

图 2-59　滚子式安全钳结构简图　　　　图 2-60　楔块式安全钳结构简图

载货电梯及低速客梯一般采用楔块式安全钳。在单楔块式安全钳中，导轨置于楔块和夹块之间，在双楔块式安全钳中，导轨置于两楔块之间。楔块结构见图 2-61。

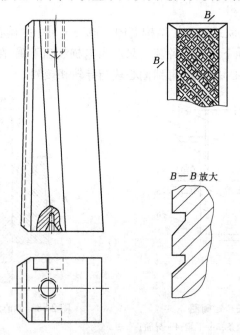

图 2-61　楔块

掣停距离的增大，对导轨厚度的均匀性要求随之增高，加工精度不高时所产生的微小厚度差异，将使安全钳引起很大的单边过载，这是不容许的。

为了消除上述由于导轨厚度变化而引起的不良影响，对于速度较高的乘客电梯都采用弹性安全钳。

(四)弹性安全钳(渐进式安全钳)

弹性安全钳就是采用了弹簧型夹块的安全钳。对于调速乘客电梯,采用瞬时作用式安全钳是不适当的。因为电梯速度提高后,瞬时制动时将使轿厢和导轨承受很大的动负荷,因而造成严重的破坏。另外,如轿内有乘客,对乘客的健康和安全也是一种威胁。

图2-62所示为滑动式(渐进式)弹性安全钳的一种型式。

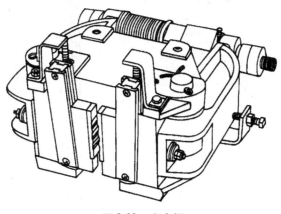

图 2-62　安全钳

由于弹性安全钳相块与夹块之间放有滚子,如图2-63所示,所以降低了摩擦系数,故弹性安全钳楔块靠近导轨的一面不再做成齿形。

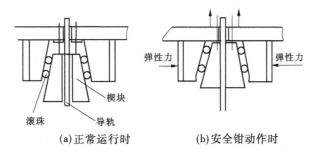

(a)正常运行时　　　　　　(b)安全钳动作时

图 2-63　上拉杆安全钳示意图

四、缓冲器

缓冲器设在井道底坑地面上的制停装置。若由于某种原因,当轿厢或对重装置超越极限位置发生蹲底时,可用来吸收轿厢或对重装置动能。

在轿厢和对重装置下方的井道底坑地面上均设有缓冲器。在轿厢下方,对应轿架下梁缓冲板的缓冲器称轿厢缓冲器;在对重架下方,对应对重架缓冲板的缓冲器称对重缓冲器。同一台电梯的轿厢和对重缓冲器的结构规格是相同的。

缓冲器按结构分有弹簧缓冲器和油压缓冲器两种,如图2-64所示。

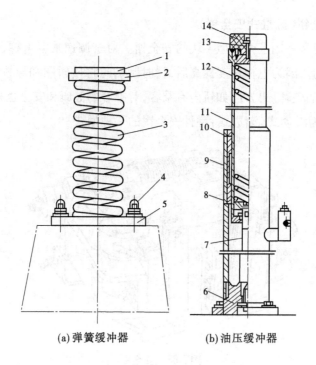

图 2-64　缓冲器

1—缓冲橡皮；2—缓冲头；3—缓冲弹簧；4—地脚螺栓；5—缓冲弹簧座；
6—油缸座；7—油孔主柱；8—挡油圈；9—油缸；10—密封盖；11—柱塞；
12—复位弹簧；13—通气孔螺栓；14—橡皮缓冲垫

(一)弹簧缓冲器(蓄能型缓冲器)

弹簧缓冲器受到轿厢或对重装置的冲击时,依靠弹簧的变形来吸收轿厢或对重装置的动能。当电梯运行到井道下部时,因断绳或超载等各种原因,使电梯超越底层停站继续下降,但下降的速度未达到限速器动作速度,在下部限位开关不起作用的情况下,则设置在底坑中的轿厢缓冲器可以减缓轿厢对底坑的冲击。当轿厢超越最高停站,继续上行在上部限位开关不起作用的情况下,则设置在底坑中的对重缓冲器可以减缓对重对底坑的冲击。

弹簧缓冲器一般用于额定速度在 1 m/s 以下的电梯中。图 2-65 所示为设置在井道底坑中的弹簧缓冲器安装情况。

轿厢与缓冲器的冲击分为两种情况,一种是有对重影响下的冲击,另一种是断绳情况下的冲击。曳引钢丝绳断裂的情况虽说不存在,但按断绳情况设计弹簧缓冲器方法简单。两种情况下,设计的缓冲器参数相差不大,所以目前缓冲器的设计基本上按断绳情况进行。

(二)油压缓冲器(耗能型缓冲器)

与弹簧缓冲器相比,油压缓冲器具有缓冲效果好、行程短、没有回弹作用等优点,所以额定速度在 1 m/s 以上的电梯中都采用油压缓冲器。

电梯规范中规定:

(1)油压缓冲器的最小行程为在轿厢或对重以额定速度的 115% 的速度冲击缓冲器

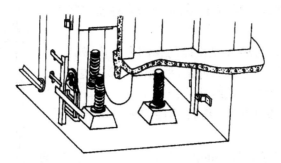

图 2-65　缓冲器设置的位置实物示意图

时,应具有使轿厢或对重以 $1g$ 的平均减速度停止下来所需要的行程。

（2）满载轿厢在缓冲器工作时间内,平均减速度应不大于 $1g$,出现 $2.5g$ 以上的减速度时间应不大于 1.04 s。

1. 小孔出流式油压缓冲器

图 2-66 所示为一种型式的小孔出流式油压缓冲器结构简图。

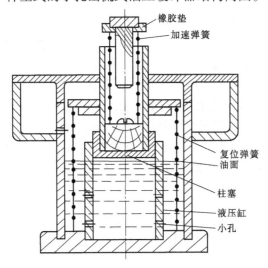

图 2-66　小孔出流式油压缓冲器结构简图

1）工作原理

缓冲器中油面应超过柱塞底面,当轿厢（或对重）冲击柱塞上部时,西半球塞在冲击力的作用下向下运动。设柱塞下部作用于油面的压力为 P,在 P 力的作用下,使油从油缸壁上的小孔中流出。根据作用力与反作用力原理,在油从小孔中流出的同时,柱塞下部也受到恒值——P 力的反作用力,使轿厢（或对重）以恒减速度下降,直到速度为零。

2）结构特点

（1）除油缸以外缓冲器中应有贮油装置,以存放被柱塞从油缸中压出的油。

（2）缓冲器的高度大于 2 倍的缓冲器的压缩行程。

（3）柱塞复位需设置复位弹簧。

（4）柱塞的下端需精细加工,与油缸内径配合紧密,最好加套经过精细加工的青铜环,以防在油压很高的工作情况下,油从内壁和柱塞之间流出。

(5)轿厢(或对重)与缓冲器相撞的瞬间和速度减到零的瞬间有速度突变。为了缓和冲击,柱塞的上部应装设橡皮垫或刚性系数较大的弹簧缓冲装置。

(6)为了便于清洗和装配,缓冲器底座做成可拆式的。

(7)缓冲器的上部应设置小的排气孔。

2. 变截面柱塞式油压缓冲器

变截面式油压缓冲器与小孔出流式油压缓冲器相比,具有以下优点:轿厢(或对重)以匀减速下降时,速度的变化是连续的。因此,目前大多数电梯制造厂家都采用变截面式油压缓冲器。

如图2-67为变截面柱塞式油压缓冲器结构简图。

设计变截面式油压缓冲器总的要求与小孔出流式油压缓冲器基本相同。

其结构特点为:柱塞下部有一个圆孔,孔的直径等于变截面杆下部的直径。变截面杆固定在缓冲器底座上。柱塞在下降过程中,其下部的圆孔逐渐被变截面杆所封闭。当柱塞下降速度为零时,柱塞下面的圆孔与变截面杆

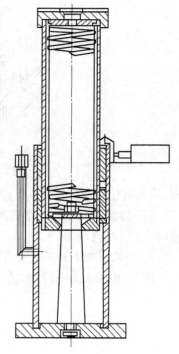

图 2-67　变截面式油压缓冲器结构简图

贴合,压在柱塞上部的轿厢(或对重)移去后,缓冲器将在复位弹簧的作用下自动复位。

柱塞下部圆孔与变截面杆上部之间的环形面积等于小孔流式油压缓冲器油缸壁上全部小孔面积之和。

第四节　导轨、导靴

一、导轨

电梯中的导轨,是为了保证轿厢和对重之间及它们与安装在井道中的各结构物之间,在电梯运行时具有固定的相同位置;同时当安全钳动作时,也起吸收超速下降着的轿厢及其轿厢内载荷的动能的作用,使轿厢支持在导轨上,而不至于一落到底。

电梯工作时轿厢和对重借助于导靴沿着导轨上、下运动,导轨是由多根3 m或5 m长的短导轨,借助于接道板连接而成,如图2-68所示。每根导轨都应经过细加工。

在电梯井道中,导轨起始段一般支持在地坑中的支撑板上。

导轨每隔一定的距离就有一个固定点,将导轨固定于设置在井道壁的金属支架上,如图2-69所示。

导轨是借助于螺栓、螺母与压道板固定于金属支架上的。

图2-70所示为T90×72×16导轨的压道板视图。使用图2-70所示的压道板,

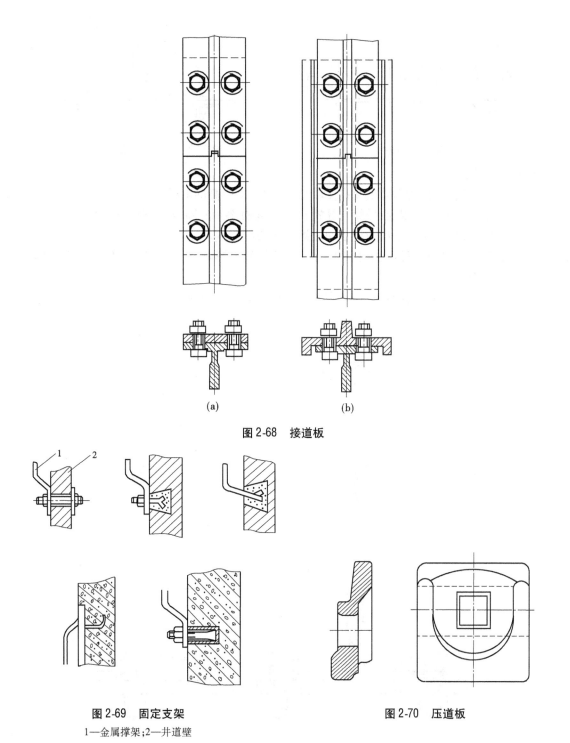

图 2-68　接道板

图 2-69　固定支架

1—金属撑架;2—井道壁

图 2-70　压道板

应配用的螺栓如图 2-71 所示。

　　用压道板把导轨固定于金属支架上的情况如图 2-72 所示。

　　图 2-70 所示的压道板,在电梯安装时能够矫正一定范围内的导轨变形,但不能适应建筑物的正常下沉或混凝土收缩等情况,一旦这种情况发生导轨就要发生变形,影响电梯

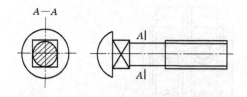

图 2-71 螺栓

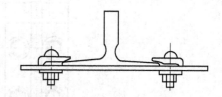

图 2-72 压导示意图

的正常运行。

此种压道板一般用于建筑物高度较低、电梯速度不高的电梯上。

GB7588—2003 中规定:导轨与导轨架和建筑物之间的固定,应允许自动或简单调节方法来补偿建筑物正常下沉或混凝土收缩所造成的影响。

为了解决建筑物下沉或混凝土收缩对电梯导轨的影响,采用图 2-73 所示的压道板结构是比较理想的。

该种压道板把导轨固定于金属支架上的情况如图 2-74 所示。

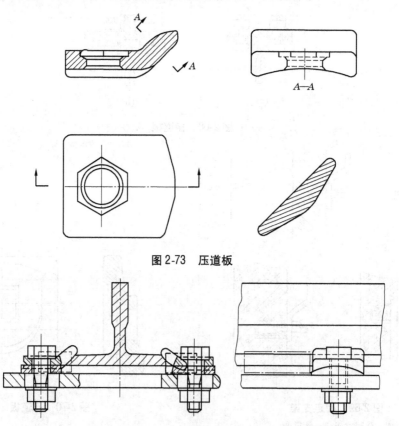

图 2-73 压道板

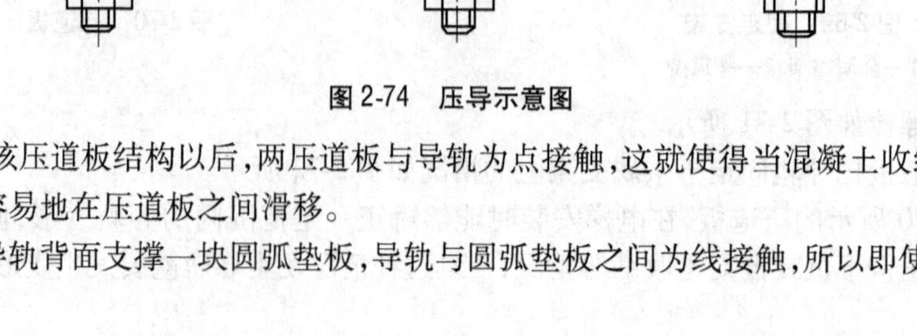

图 2-74 压导示意图

采用该压道板结构以后,两压道板与导轨为点接触,这就使得当混凝土收缩时,导轨能够比较容易地在压道板之间滑移。

由于导轨背面支撑一块圆弧垫板,导轨与圆弧垫板之间为线接触,所以即使金属支架发生稍许的偏转,导轨和圆弧垫板之间的线接触关系仍然保持不变,不会影响电梯的正常运行。

采用这种新型压道板结构虽说有上述优点,但对导轨的加工精度和直线度要求都比较高。

电梯导轨在井道设置的固定距离是根据导轨本身强度和土建结构决定的,一般为2 m左右。

考虑到金属热胀冷缩的物理性能,导轨与井道上部机房楼板之间应有50~100 mm的间隙(在保证当轿厢或对重完全压实在它的缓冲器上时,以提供足够的导轨长度,确保轿厢或对重的总行程)。

为了保证电梯在运行时的平稳性和减小噪声,导轨在安装时应严格保持其直线度。

电梯导轨的断面形状,用于轿厢导向的导轨通常为加工过的T形导轨。用于对重导向的导轨,额定速度在1 m/s以上的电梯,通常用加工过的T形导轨。额定速度在1 m/s以下的电梯,可以不用加工过的T形导轨,也可以用普通角钢做导轨(或不等边角钢)。

对于无安全钳装置选用的对重导轨,采用滑动导靴时,为了节省钢材,近来开始采用如图2-75所示的对重导轨(挤压成型导轨)。

固定导轨用的金属支架一方面要求有一定的强度,另一方面要求有一定的调节量,用以弥补电梯井道建筑误差。

对于乘客电梯,轿厢用导轨金属支架如图2-76所示的形式比较常见。

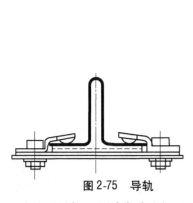

图2-75 导轨

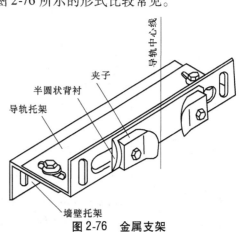

图2-76 金属支架

对重用导轨金属支架如图2-77所示的形式比较常见。

导轨金属支架与井道壁的固定,比较有推广前途的是用胀锚螺栓固定,其次是井道壁上预埋钢板焊接固定。井道壁预留孔洞,然后用开脚螺栓固定的办法已逐步被淘汰。

电梯在正常工作情况下,导轨承受着由导靴所传递的水平力,好像在跨度中间承受着载荷的梁一样工作。仅在安全钳动作时,导轨才承受着附加的垂直负荷,这时导轨像受压的立柱一样。

导靴作用于导轨的力的计算,如图2-78所示。电梯导轨

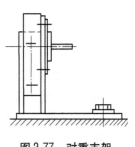

图2-77 对重支架

的许用挠度为 3 mm。

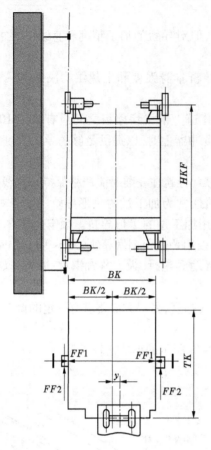

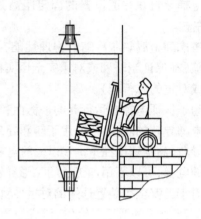

$FF1/\text{N}$	$FF1/\text{N}$
$\dfrac{GQ\cdot BK\cdot 10}{8\cdot HKF}$	$\dfrac{GQ\cdot BK\cdot 10}{16\cdot HKF}$
$y<\dfrac{BK}{8}:\dfrac{GQ\cdot BK\cdot 10}{8\cdot HKF}$	$\dfrac{GQ\cdot TK\cdot(BK+2y)\cdot 10}{4\cdot HKF\cdot BK}$
$y>\dfrac{BK}{8}:\dfrac{GQ\cdot y\cdot 10}{HKF}$	

$GQ1/\text{kg}$	Y/mm
…4000	$\dfrac{BK}{2}-600$
4001…6000	$\dfrac{BK}{2}-700$
6001…	$\dfrac{BK}{2}-800$

图 2-78　导靴作用于导轨的力的计算

二、导靴

为了防止轿厢在曳引钢丝绳上的扭转和在不对称负荷下的偏斜,并使电梯的轿门地坎、层门地坎、井道壁之间及操纵系统的各部分之间保持恒定的位置关系,在轿厢轿架的四个角上,设置四只可沿导轨滑动或滚动的导靴。两只上导靴固定在轿厢上梁上,两只下导靴固定在安全钳钳座上。

电梯导靴基本上分为三大类,即固定滑动导靴(又称"死"导靴)、滑动弹簧导靴和胶轮导靴。每一类导靴中又有不同的结构形式。

对于滑动导靴和滑动弹簧导靴应考虑润滑问题。

图 2-79 所示为一种带有润滑装置的固定滑动导靴。

图 2-80 所示为一种带有润滑装置的滑动弹簧导靴。

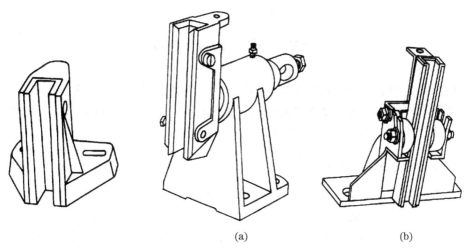

(a)   (b)

图 2-79　固定滑动导靴　　　　　　　图 2-80　滑动弹簧导靴

滑动弹簧导靴保证了在电梯运行过程中一直与导轨工作面相接触。

固定滑动靴一般用在低速客梯和中速客梯的轿厢上。

为了缓和振动、冲击及由此而产生的噪声,对于高速客梯均采用胶轮导靴,如图 2-81 所示。

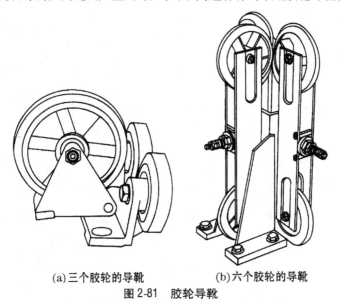

(a)三个胶轮的导靴　　　　　　(b)六个胶轮的导靴

图 2-81　胶轮导靴

胶轮导靴橡胶轮圈应由弹性、硬度、耐磨性都很好的橡胶制成。轮圈太软将不能保证安全钳的钳口与导轨之间的必要间隙,因而是不允许的。

胶轮应当与导轨一直保持接触。

第三章　电梯的电气系统

第一节　拖动系统

电梯的拖动主要有直流拖动和交流拖动两大类。直流拖动分直流发电机—电动机、晶闸管励磁拖动和晶闸管直接供电拖动。交流拖动分交流异步和交流同步两种拖动形式。交流异步拖动又分单速、双速、调速三部分。

一、交流双速电梯电力拖动系统

该系统所用电动机多为 4/6 或 6/24 速比为 2：1 快速与低速两个绕组。快速绕组用于启动、运行，低速绕组用于平层，见图 3-1。启动时，为限制启动电流的冲击，一般在定子电路中串入阻抗，随着运行速度的提高，逐级将阻抗短接切除，使电梯速度逐渐加快，直至进入稳定运行状态。接近平层时，电梯换速，电动机由快速绕组转换到慢速绕组。为限制制动电流和减速制动过猛造成的冲击，一般采取分级切除电阻或电抗器的方法，通过调整阻抗大小以及短接各级阻抗的时间，可以改变电梯的启动加速度和换速时的减速度，从而满足电梯稳定性的需求。

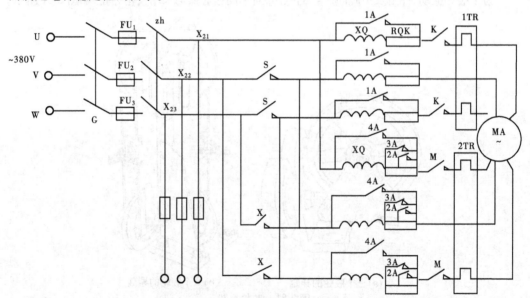

图 3-1　交流双速、双绕组电梯电力拖动原理图

G—总电源开关；zh—极限开关；S—上行接触器；X—下行接触器；K—快速接触器；M—慢速接触器；
1A—加速接触器；2A、3A、4A—减速接触器；XQ—启动、减速用电抗器；RQK—启动电阻器；
RQM—减速电阻器；1TR、2TR—热继电器中热元件

（一）工作原理

该系统采用一级串阻抗启动，三级串阻抗减速。启动后经过一段时间，启动加速接触器 1A 吸合，短接掉启动阻抗，使电动机继续加速到稳速运转。当电梯接到减速指令后，快速接触器 K 释放，慢速接触器 M 吸合，慢速绕组串电阻电抗运行，延时一定时间后，2A 吸合，短接一部分电阻，当 3A、4A 相继吸合后，逐级在不同时间将阻抗器全部短接，电动机开始慢速运行，直至"S"或"X"释放，电动机停止运转。

（二）主要性能特点

（1）因有两种速度，大大提高了运行效率，同时又以慢速平层，使平层准确度得以提高。

（2）可对快、慢两种速度分别控制与调节，使整机性能大为改善。同时整机的拖动及控制相对简单，便于维修。

（3）减速后制动前采用再生发电制动，把快速具有的部分动能转为电能反馈到电网中，使电能消耗相对降低。

（4）该拖动系统一般用于 1 m/s 以下客梯与货梯上。

二、交流调速拖动系统

交流调速电梯可以对电力拖动系统实现自动控制。按对交流电动机的制动控制程度的不同，交流调速电力拖动分为三种：一种是仅对制动过程进行控制，如迅达"DUN – Z"和日立"DB"系统（图 3-2 为其能耗制动原理图）；一种是对启动与制动过程加以控制，如迅达"DYN – S"和德国"ERTL"、"Loher"系统；再一种是对整个过程加以控制，如三菱"Gilad"系统（其能耗制动原理图见图 3-3）。按控制方式不同可分为能耗制动、反接制动、动力制动（图 3-4 为美国"GAMMA – 160S"系统交流制动原理图）等种类。

异步电动机的工作不允许超过额定值，所以调压调速只能在额定电压以下进行。我们知道，电压愈低，机械特性部分的硬度愈小，这就限制了调压调速范围。图 3-5 中 1 是供给三相异步电动机定子电压的调压装置，它的输出电压受调压装置 5 的输出信号的控制；2 是转速给定装置，它的输出反映要求的转速值；3 是测速发电机，它的输出反映实际的转速值，极性与 2 极性相反，起转速负反馈的作用；由 2 输出的给定信号同由 3 输出的转速负反馈信号经过综合线路 4 综合后送给 5，用来控制 1 的输出电压。

当电动机稳速运行时，2 与 3 的差值信号为 0，4 输出某一恒定信号，经过 5 控制调压装置 1，输出某一恒定电压给电动机。如果静负载转矩增大，电动机转速就要降低；3 输出的转速负反馈信号因而减小，2 与 3 的差值为正值，此差值使 1 的输出电压升高，电动机的转速因而也提高。随着转速的升高，2 与 3 的差值减小，当转速重新恢复到稳定运行时，2 与 3 的差值又为零，1 的输出电压不再升高。此时电动机运行在电压 U_1 的机械特性 A 点上，转速为 n_1，当静负载转矩 Mj_1 增大到 Mj_2 时，电动机运行在电压 U_2 的机械特性 B 点上，转速恢复到 n_1。在这种系统中，电梯转速的变化能够反过来影响加到电动机定子的电压，从而控制转速的变化，所以称为闭环控制。如果开环控制，在静负载转矩增大到 Mj_2 时，稳态转速将降到 n_2，这就能比较明显地看出闭环控制的优越性。

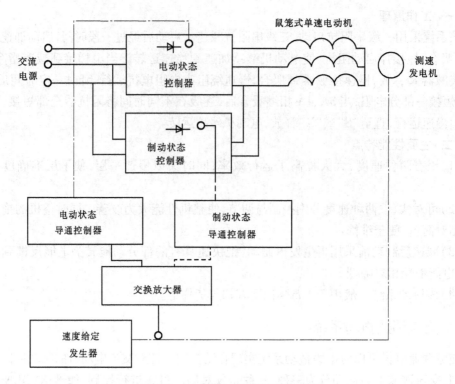

图 3-2 日立"DB"能耗制动原理图

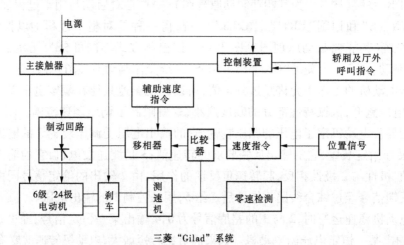

三菱"Gilad"系统

图 3-3 交流能耗制动原理图

（一）交流调速的特点

（1）交流调压调速开环控制调速范围不大,闭环调速范围大,可达 1：10,可用于低速梯。

（2）调速的平滑性可以是有级调速,也可以是无级调速。

（3）只能在基速以下调速。

（4）开环初次投资低,闭环初次投资高。

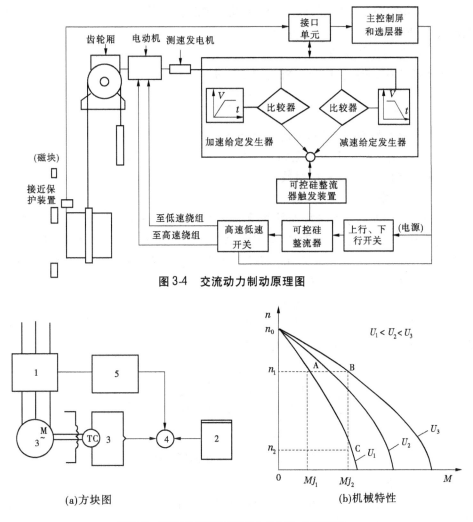

图 3-4　交流动力制动原理图

(a)方块图　　　　　　　　(b)机械特性

图 3-5　调压调速闭环控制方块图与机械特性

（5）由于调速是靠增大转差率使转速降低的，转差率又不能加以利用，所以转速越低，损耗越大。再者由于晶闸复调压装置是依靠相位控制的，输出电压电流都是非正弦波，容易引起高次谐波，影响电动机出力，由此可以看出调压调速的发展将受到限制。

（二）调压调速的使用范围

调压调速的优点是线路简单，价格比较便宜，使用维修不太复杂；缺点是转差功率损耗大，效率低，电动机极易发热，只适用于调速精度要求不高的中低速电梯的拖动上。从 VVVF 成熟后，调压调速已被淘汰。

三、交流变频变压调速

交流变频变压调速就是通过改变异步电动机供电电源频率而调节电动机的同步转速，使电动机转速无级调节，是异步电动机较为合理的调速方法。随着电子技术的发展，尤其是大规模集成电路和大功率放大器的广泛应用，大功率晶体管 GTR、门极可关断晶闸管 GTO 和功率 MOS 场效应管等的出现,交流变频技术逐步得到完善。1983 年,世界上开始出现 VVVF 控制的交流调速电梯。

(一)VVVF 的工作原理

在电动机学中,交流感应电动机的同步转速

$$n = \frac{60f_1}{p}(1 - s) \tag{3-1}$$

式中　n——交流感应电动机同步转速,r/min;

　　　f_1——交流电动机定子供电频率,1/s;

　　　p——交流感应电动机极对数;

　　　s——转差率。

从式(3-1)可知,除了改变极对数能改变交流感应电动机的同步转速外,改变施加于电动机端的电源频率 f_1 也可以改变其转速,从而控制电动机运行。如图 3-6 所示,变频调速电力拖动系统采用交—直—交型电流控制系统。它先将三相交流电压经晶闸管整流装置变成直流电压(即该整流装置通过脉幅调制器(PAM)输出可调直流电压),然后经大电感 L 送入逆变器(即将直流电压经可任意控制的开关电路、输出频率和幅值均可调的三相交流电),该逆变器由大功率晶体管组成,以脉宽调制方式(PWM)输出可变电压和可变频率的交流电供给交流电动机,控制电动机的运行。

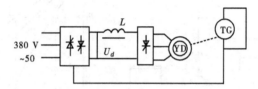

图 3-6　变频变压电力拖动原理图

(二)主要性能特点

(1)VVVF 控制系统启动加速和制动减速过程非常平稳,按距离制动,直接停靠,平层准确度可保证在 ±5 mm 以内。

(2)该拖动系统不仅可以工作在电动状态,也可以工作在再生发电状态,使系统电能消耗进一步降低。

(3)该系统全部使用晶闸管和半导体集成器件,工作可靠效率高。由于采用电流型逆变器变换系统,所以不须采用快速可控硅器件,只用一般晶闸管元件即可。

(4)该系统具有磁通与转速恒定的静态稳定关系,但与直流驱动系统相比,受电磁惯性影响的动态转矩控制能力较差。

(三)应用范围

目前 VVVF 变频调速拖动系统驱动的交流异步电梯产品应用的有三种:①速度小于 2 m/s 的用涡轮涡杆减速箱交流异步调频电梯(已完全替代了传统的直流快速电梯);②速度为 2~4 m/s 的斜齿轮减速传动的中、高速电梯,由于斜齿轮传动噪声大,又推出了星形减速器;③速度大于 4 m/s 的超高速交流异步调频调压电梯,即无齿轮箱的低转速电动机拖动的电梯,在节能方面效果更加明显。

四、交流同步永磁电动机驱动系统

交流同步永磁电动机曳引电梯是较为理想的一种拖动方式。从上述可知,交流异步VVVF拖动系统在节能和舒适感方面是其他电梯所不可比拟的,但在低、中速时需用减速箱以提高转矩,这就限制了它的使用范围与节能效果;而交流同步变频变压调速电梯在中低速时也可无齿拖动,使节电效果又大大提高一步,它比同档次 VVVF 交流异步梯节能40% ~50% 。

(一)交流同步电动机与永磁同步电动机

(1)交流三相同步电动机的原理与启动。三相同步电动机的构造与三相异步电动机的构造完全相同,其绕组可接成星形也可接成三角形,不同的是其转子具有凸形磁极。各个磁极分别产生一定方向的磁通,而成为 N 极或 S 极。需说明的是转子的磁通可以是永磁的也可以是通入直流电励磁的。

当定子绕组中通过三相电流后,便产生旋转磁场,这个旋转磁场的磁极对转子上的异性磁极产生极强的吸力,吸住转子,强迫转子按定子旋转磁场的方向并以同样转速而旋转,所以称其为同步电动机。

在电源频率和定子绕组的磁级对数为定值的条件下,旋转磁场的转速恒定不变,这时无论同步电动机轴上的负载增大(不能超过额定允许量)还是减小,它的转子转速总是保持不变。由此可见,同步电动机有绝对硬的机械特性。

同步电动机不能自动启动。这是因为当电动机接通三相电源后,其旋转磁场立即以同步转速旋转,但转子具有惯性,不能立即旋转,所以这时旋转磁场的 N 极和 S 极同时同转子的 N 极(或 S 极)相遇,以致在很短时间内受到两个方向相反的作用力,使其平均转矩为零,转子不能启动。

为了能正常启动,通常在转子极面上装置一个启动绕组,其构造与异步电动机鼠笼转子相似。启动时,转子不通电,和启动异步电动机相似,当转子接近同步转速时,再对励磁绕组送入直流励磁,使各磁极产生固定的极性,依靠旋转磁场对磁极的吸力,转子立即被牵入同步。这种方法称为同步电动机的异步启动法。

(2)交流同步永磁电动机。电梯用同步电动机的转子是用高磁性材料——稀土制成的永磁转子,它具有一个恒定的磁场。用 VVVF 技术控制定子绕组的磁极旋转频率,使电动机在启动或慢速制动停车时都有一个变速均匀的平滑的可变频率,保持电动机旋转力矩不变。这样,电动机在此允许的速度范围内无论速度快和慢,硬特性都保持不变。这就使 2 m/s 以下的电梯不必使用齿轮减速箱也能作良好的慢速运行,从而达到节能、省油、低噪音、少污染的效果。

(二)交流同步电动机的结构与特点

永磁同步 VVVF 电梯的曳引系统由交流永磁电动机、制动器和曳引轮三部分组成。曳引轮还可与电动机同体,使其体积更小。电动机的励磁部分由稀土永磁材料制成。因稀土磁性材料磁性大,所以电动机的体积和重量都可以减少,做得小巧轻便,可实现无机房和小机房。它无滑差损耗、无励磁损耗,不需消耗润滑油。因不用励磁且定子铜耗也相对较小,因此此种电动机功率因数近似于1,效率高。其特点是:

（1）启动电流低，仅为同类 VVVF 异步电动机启动电流的 60%，因此电动机发热少，机房内不需空调，只要空气流通即可。

（2）运行平稳，低运行速度。1 m/s 以下电梯，电动机转速仅为 25.5 r/min；2 m/s 电梯，电动机转速仅为约 58.8 r/min。因此，减少了摩擦和噪音以及制动时的能源耗损和热量。

（3）可不要机房，将轻便的曳引机安装在井道上部或轿厢下，既简化了电梯结构，又节省土建资金。

（4）曳引驱动系统不使用减速厢，降低了摩擦损耗，节电、省油，从而减小了对环境的污染。

（5）驱动电动机采用两个独立制动系统，使电梯运行安全可靠。

（6）VVVF 调制驱动系统配合低速驱动电动机，使电梯运行更加平稳舒适。

我国稀土资源丰富，永磁同步电动机发展前途无量，可以取代所有其他拖动，从而节约更多的电能和油，既节约了资金又可保护环境。驱动系统简单紧凑、体积小、功率大、能耗低、无噪音是交流同步电动机的优点，也是它具有很好发展前途的依据。

第二节　控制系统

一、分类与组成

电梯的控制系统主要有继电器控制和微机控制两类。电梯控制系统各环节的功能由不同线路完成。这些线路主要有：开关门控制、位置信号显示、定向选层控制、运行控制、特种状态控制等。以上控制都要由内指令（即人要去哪个层站）和厅召唤（即人要电梯到哪个层站去接客拉货）以及轿厢所在层站位置信号的制约。电梯电气控制系统各环节联系图如图 3-7 所示。

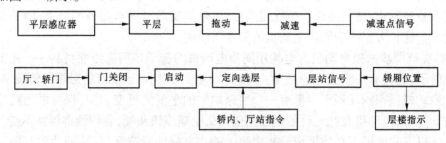

图 3-7　电梯电气控制系统各环节联系

二、定向选层控制线路

电梯是载人装物的运输设备，要利用它，必须先知道它所处的位置（观看层楼指示），再给它一个呼叫信号，它即前来应召。当走进轿厢内之后，还应告诉它要到哪个层站（按选层按钮），它就会按照指令向所要去的层站行驶……

以上过程均由选层定向线路来完成。该控制环节应包括轿厢位置检测与连续线路、内指令与厅召唤线路、选层定向线路以及方向保持等。

（一）定向选层控制的要求与方法

1. 要求

（1）轿内信号优先于轿外信号。

（2）自动电梯只有在厅轿门全部关闭后，且轿内无指令情况下，才能按照厅外召唤指令确定轿厢运行方向。

2. 方法

（1）手柄开关定向。手柄在中间位置时停止，推手柄向上选上方，推手柄向下选下方向。现在已淘汰。

（2）井道内分层转换开关定向。轿厢停在哪一层，哪层的开关居中间位置，在轿厢上方的则开关柄置于上方位置，在轿厢下方的则开关柄置于下方位置（杂货梯上使用）。

（3）机械选层器定向。

（4）井道内永磁开关与继电器构成的逻辑线路定向。

（5）电子选层器定向，由井道内的双稳态开关与电气线路定向。

（6）用红外光盘测出光电码开关信号，输入微机，经计算比较给出方向信号。

（二）信号控制线路和工作原理

1. 内指令信号

内指令信号由轿厢内操作盘上得到，在盘上每一楼层都设有一个带灯的按钮。当按下某层按钮后，按钮内灯亮表示指令已登记，当电梯到达到所选层楼时，灯灭表示该信号被消除。内指令信号有很多种，但基本原理都相同，如图3-8所示。

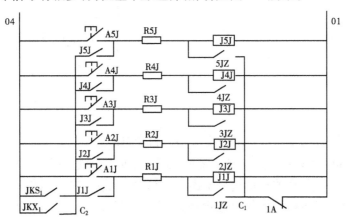

图 3-8　内指令线路

2. 厅召唤指令信号线路

图3-9是厅召唤信号线路，电梯的运行方式可根据相应的召唤线路，构成不同功能用途的线路，但其中共有的功能为当电梯上行时应保留下呼信号，下行时应保留上呼信号。

3. 层楼信号获取与连续

层楼信号获取方法很多，下面介绍一种常用的方法，用永磁感应开关获取层站信号的方法见图3-10。正常情况下，装在井道内的感应器干簧管触点在磁铁的作用下处于开路

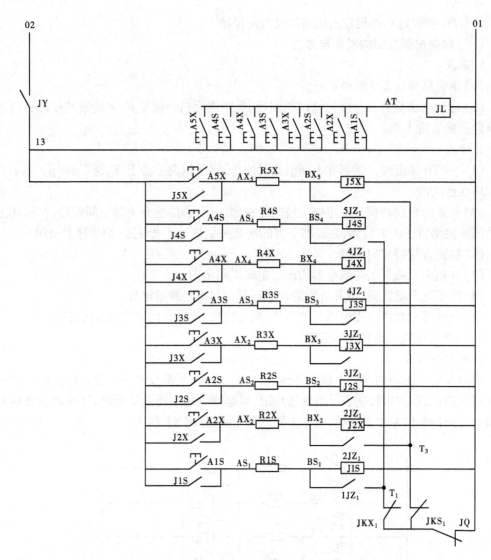

图 3-9 厅召唤信号线路

状态,当装于轿厢上的隔磁板插入感应器时,磁路被短路,触点复位闭合,线路接通,发出轿厢位置信号。但这样所取得的信号不连续,没法参与定向,其显示信号的指层灯也不会连续。采用辅助层楼继电器的触点连锁法,可得到连续信号。如图 3-10 所示,当电梯在一层,隔磁板插入一层楼永磁继电器内,使一层的层楼继电器 1JZ 与层楼辅助继电器 1JZ$_1$相继吸合,1JZ$_1$ 触点接通指层灯表示轿厢在一层,当电梯运行离开一楼,隔磁板同时离开一楼永磁继电器,使 1JZ 释放,而 1JZ$_1$ 自锁使一楼指示灯继续点亮。当轿厢接近二层,隔继板插入二层楼永磁感应继电器,使 2JZ 吸合,同时 1JZ$_1$ 释放,2JZ$_1$ 吸合并自保,这时二层灯亮,一层灯灭,指示轿厢在二层,这样轿厢运行位置就一层一层显示了。

(三)定向选层线路

1. 信号控制电梯的选向定向

层楼信号的作用除了指层外,更重要的是用于选层定向,如图 3-11 所示。

· 74 ·

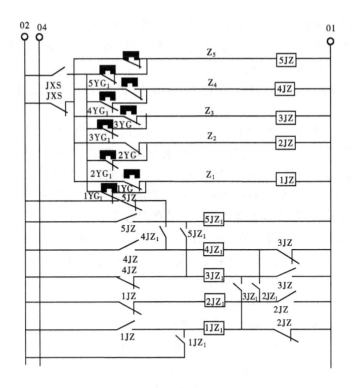

图 3-10　层楼信号的获取与连续原理图

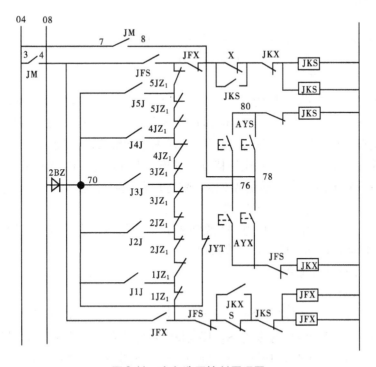

图 3-11　定向选层控制原理图

（1）自动选向：设电梯在二楼，则 $2JZ_1$ 的两个常闭触点打开。这时如果司机按下三层楼内指令按钮，则 J3J 吸合，这时电源 08 经 $2BZ \rightarrow J3J \rightarrow 3JZ_1 \rightarrow 4 JZ_1 \rightarrow 5 JZ_1 \rightarrow JFX \rightarrow X \rightarrow JKX$ 使 JKS 吸合，电梯选上行方向。

在上下方向都有指令时，如果电梯处于上行运行状态，则执行完最上层指令后，再返回执行下方指令。

（2）司机选向：设电梯停在二楼，处于上行状态，这时 J4J、J5J、J1J 吸合，本来电梯应继续上升，但在启动前，司机若按下方向按钮 AYX，电源 08 经 $2BZ \rightarrow JYT \rightarrow JFS$ 使 JFX 吸合，JFX 打开使 JKS 释放，电流经 $2BZ \rightarrow J1J \rightarrow 1JZ_1 \rightarrow JFS \rightarrow S \rightarrow JFS$ 使 JKX 吸合，电梯则选下行方向。

（3）选层：选层就是指同时有轿内指令和厅召唤信号时，电梯响应哪一个信号，预选定层楼在电梯将到达时发出换速信号。设三层有内指令信号，J3J 吸合，在电梯将达到三楼时，3JZ 吸合，电流 04 经 J3J、3JZ、JTQ_1 使 JT 吸合，发出换速信号并自保。电梯到达顶层或底层时，无论有无内指令都必须换速以防越位。JTQ 是换速消除继电器，当电梯停稳后，使停梯继电器释放。

2. 集选电梯的定向选层线路

集选电梯与信号控制的不同之处在于厅召唤信号是否参与选层定向，集选电梯由操纵箱上的钥匙开关选择有/无司机操作。当选择无司机时，无司机继电器吸合，电梯可以自动定向选层，根据厅召唤与轿内指令决定轿厢运行方向，当轿厢到站后，自动开门，并延时自动关门，一切由集选逻辑线路来完成控制选择。

三、运行控制线路

电梯的正常运行包括启动、加速、稳速运行、换速、平层制动停车等线路环节，各环节的控制性能决定着电梯的安全运行和运行性能。

（一）运行控制的要求

（1）满足启动条件后，电梯能自动、迅速、可靠启动。启动时间越短越好。但启动时间过短会使冲击力太大，造成部件损坏，而且乘客会有不舒适感，一般靠降压缓解冲击。

（2）无论有级加速还是无级加速都必须满足加速度要求，不应超过 1.5 m/s^2。

（3）电梯在正常运行过程中，应保持方向的连续性和换速点的稳定性。

（4）在接近停车层应有合适的换速点，减速过程应有合适的减速度，使减速过程平衡，乘坐舒适。换速点是按距离确定的。

（5）电梯的平层准确度越高，电梯性能就越好。平层方法有两种，一是利用平层感应器平层；二是把换速点确定后按距离直接停靠。

（二）各环节的工作原理

1. 启动与启动线路

当方向选定、门全关闭这两个条件满足后，电梯方能启动，见图 3-12。

启动继电器 JQ 吸合后，电源经 JK_1、JQ_1、JSF、X 使 S 吸合。JQ 吸合的同时，使 K 吸合（见图 3-13）。S 和 K 的吸合，使制动器抱闸松开，又使曳引电动机串阻抗启动。经约 1 s 延时，使 1C 吸合，短接启动电阻，使电动机加速到稳速运行。

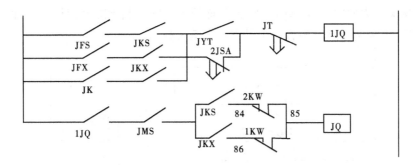

图 3-12　启动回路电气原理图

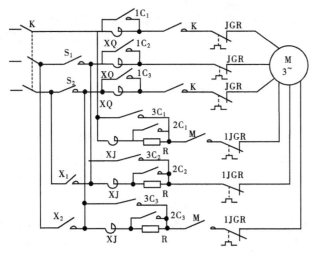

(a)主拖动回路

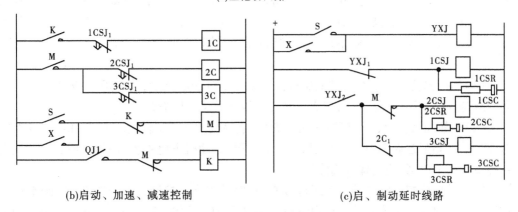

(b)启动、加速、减速控制　　　　　　　(c)启、制动延时线路

图 3-13　电力拖动控制原理图

2. 电梯拖动控制及换速线路

图 3-14 为电梯的停车换速线路。

换速过程是这样的,设电梯从一楼向三楼运行,这时 J3J 吸合,当轿厢欲达三楼时,三楼永磁感应器动作,3JZ 吸合,3JZ 断开,JTQ 释放,但因延时 JTQ1 仍吸合。JT 吸合并自保。由于 JT 的吸合,JQ 断开(见图 3-12),JQ↓使 K 释放 M 吸合,电梯实现换速。若运行

中电梯突然失去方向时,也能使 JT 吸合,从而使电梯转入制动减速运行(包括两端站减速信号的发出,因为两端站电梯方向信号肯定会消失)。

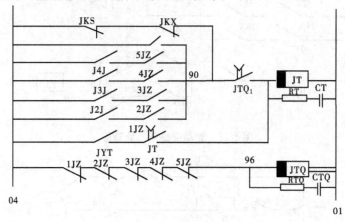

图 3-14　停车换速线路原理图

3. 电梯的减速电路

(1)当换速信号发出后,JQ_1 断开,切断 S(X)启动通路(见图 3-15)。这时 S(X)由 JK_2、S(X)、X(S)第一条保持通路维持吸合;同时,JQ 释放使 K 释放,M 吸合,S(X)还由 JMQ、M、S(X)第二通路保持吸合。此时电动机定子慢车绕组已串入阻抗减速运行。当 M 吸合后,ZCSJ 延时使 2C 吸合,短路慢速绕组一段阻抗。

(2)电梯继续减速上升到 JK 延时一段时间开释后,这时 S(X)的第一条维护回路断开,只有第二条回路保持维持吸合。在减速时由于 2C 的吸合使 3CSJ 延时一段时间后,使 3C 吸合,短接掉全部慢速绕组中的阻抗值,使电梯进入慢速运行(250 r/min)。当慢速爬行到轿顶上装的平层感应器插进装在井道中的隔磁板后,先使上(下)JSP(或 JXP)吸合,这时下(上)接触器 S(X)又有了第三条维持通路,即 $\overline{K}$、$\overline{JXP_2}$、$\overline{JQ_2}$、JSP_1、$\overline{X}$、S↑ 或 $\overline{K}$、$\overline{JSP_2}$、$\overline{JQ_2}$、JXP_1、$\overline{S}$、X↑。

(3)当电梯轿厢继续爬行到隔磁板插入 GM 感应继电器后,使 JMQ 吸合,将 S(X)的第二维持通路断开,这时 S(X)只有由第三条维持通路维护吸合。

(4)当轿厢又往上(下)爬行一段距离后,隔磁板插入 GX 感应器中,使 JXP 或 JSP 吸合,将 S(X)最后通路断开,这时电梯已完成平层,电动机失电停转,同时电磁制动器断电在弹簧作用下抱闸,使电梯准确停位。

以上是信号控制电梯的一个运行过程,只要了解这一控制过程的原理,其他诸如 PC 控制的双速梯或微机控制的双速涡流制动梯以及 ACVV 梯的程序控制,基本上都是根据这个简单而又原始的控制原理演变而成的。

4. 直流电梯平层控制过程

如图 3-15(d)所示,直流梯的平层换速与交流梯略有不同,它的换速平层程序是快速→平快→平慢等多级速度切换,最后切断运行继电器,平层停靠。

(1)启动运行:以上行为例说明平层停车过程。定向、关门选层后,JSF 上方向继电器吸合,门锁继电器吸合,快车启动继电器 JQF 吸合。

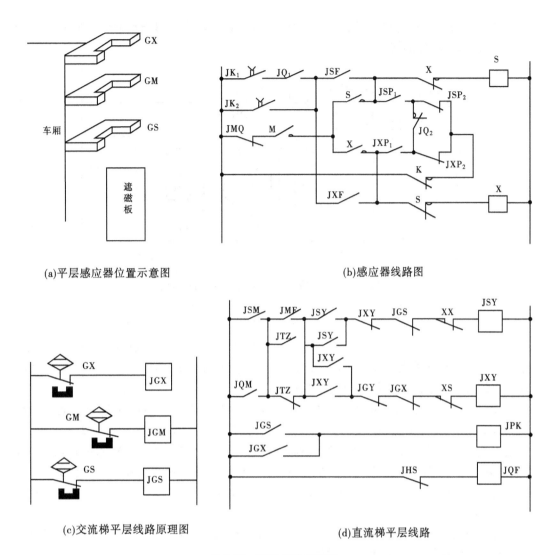

(a)平层感应器位置示意图   (b)感应器线路图

(c)交流梯平层线路原理图   (d)直流梯平层线路

图 3-15   平层线路原理图

（2）平层：当电梯运行到换速点时，JHS 吸合，使 JQF 释放，电梯切换到平快速度。当电梯轿厢进入平层区时，隔磁板插入 GX 使 JGX 吸合，JPK（快速平层继电器）由平快切换到平慢运行，准备平层。

当电梯平慢运行，隔磁板插入 GM 时，JQM（提前开门继电器）吸合，提前开门，JSM 释放，此时形成 JQM→$\overline{JTZ}$→JSY→$\overline{JXY}$→$\overline{JGS}$→$\overline{XX}$→JSY 通路，JSY 保持吸合。

当电梯继续平慢上升，隔磁板插入 GS 时，继电器 JGS 吸合，其接点断开 JSY 的通路，电梯停止运行。

四、电梯的开、关门控制线路

（一）电梯开、关门拖动电路

电梯开、关门拖动分交流拖动和直流伺服电梯拖动，图 3-16 为直流开、关门拖动回路原理图。伺服电动机额定电压为直流 110 V,功率 127 W,转速 1 000 r/min,它具有启动转矩大、调速性能好的特点。

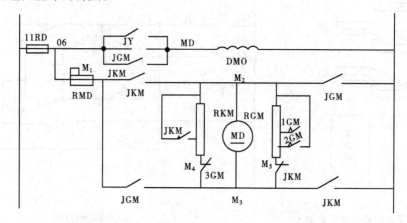

图 3-16 直流伺服电动机开、关门拖动原理图

JGM—关门继电器;DMO—电机励磁绕组;JKM—开门继电器;MD—门电动机
RGM—关门电阻;RMD—开、关门调速电阻;RKM—开门电阻;JY—安全继电器

改变电动机电枢两端电压极性可改变电动机旋转方向,实现电梯门的开启与关闭。通过串联电阻分压线路改变电枢两端电压来改变电动机转速,还可以调整并联电阻大小来分流使开、关门速度变慢,直至关闭或打开。

关门时,JGM 吸合、JKM 释放,由电阻 RMD、RGM 构成分压线路,电枢分压启动。当门关到 2/3 处,撞弓或打板压住 1GM 限位开关,使其触点闭合,RGM 被短路 2/3 电阻,分流增大使门机转速变慢;当门关闭到 3/4 时,撞板又压住 2GMK,将 RGM 阻值短接到 3/4 位置,电阻更小,而通过关门电动机的电流进一步减小,使其速度更慢,直到慢慢将门关闭,撞板压住 3GMK,使 JGM 释放,切断关门电动机电源,电动机产生能耗制动,迅速停转,关门结束。

开门过程也是如此,只不过开门至 2/3 时将 RKM 的 1KM 压合,只一级减速至门全打开压住 2KM,断电,开门结束。全过程基本上和关门一样。

开、关门电动机在旋转过程中,通过连杆或链轮,皮带轮变速机构来驱动轿门的开启或关闭,由装在轿门上的门刀插入层门自动门锁滚轮内将厅门打开。厅、轿门同步动作。

(二)开、关门控制线路

图 3-17 是交流双速客货两用电梯的开、关门控制线路。

1. 启动与停站时的自动开、关门

当电梯轿内指令登记后,按向上按钮 AYS,向上方向继电器 JFS 吸合,使启动关门继电器 1JQ 吸合,随之关门继电器 JGM 吸合,门关闭。

电梯换速减速到隔磁板插入开门区域永磁继电器 YMQ 时,开门控制继电器吸合,为到站开门作准备。当电梯平层结束停梯后,由于运行继电器 JYT 与启动关门继电器 1JQ 释放,使 JKM 吸合,门自动打开。

2. 上、下班时的开、关门

当轿厢停于基站时,轿厢内的电源开关 ZA 关闭,基站开关门限位开关 KT 闭合,接通

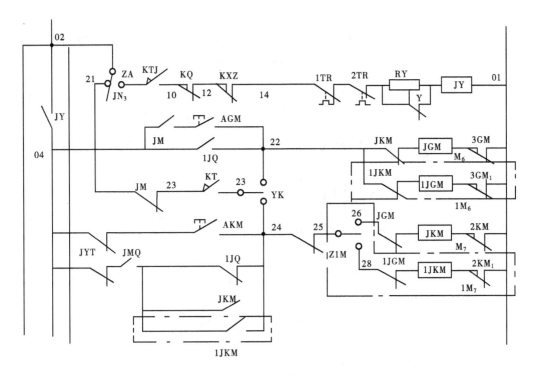

图 3-17 开、关门控制原理图

了基站门开关电路。上班后,司机用钥匙转动基站厅门口设的召唤箱上的电源锁(YK)开关,使 23 号与 24 号线接通,JKM 吸合,门立即打开。

当要下班时,电梯返回基站,压合基站开关门限位 KT。这时司机关断轿内 ZA 电源开关和照明风扇开关后,走出轿厢,将钥匙插入基站电源锁开关 YK 内转动,使电源 23 号与 22 号接通,关门继电器 JGM 吸合,电梯门关闭。

五、电梯的检修运行线路

交流双速梯检修线路如图 3-18 所示。

各类电梯均设有检修线路,由装在轿厢内与轿顶操作箱上的检修开关来控制,这些开关只能点动,上、下按钮互锁。检修开关控制检修继电器,切断内指令与厅召唤、平层换速及快速运行回路,有的电梯还切断厅外指层回路电源或使其显示闪动。

检修线路工作过程是:合上检修开关 JXK,检修继电器 JXJ 吸合,JXJ_1 接通检修电源。轿内运行时,轿顶开关置于 1 端(见图 3-18(b)),按上、下按钮,点动使电梯慢速上、下运行。

轿顶操作时,轿顶开关置于 3 端,切断轿内慢车按钮电源,实现轿顶优先。在轿顶点动使电梯慢速上、下检修运行。运行电路中串接的 MSJ_1 为门锁继电器触点,是为了限制检修时开门运行。若检修时需要开门走车,有的电梯设应急按钮 MA(见图 3-18(b)),按下 MA,MSJ 吸合,就可以开门走车了。

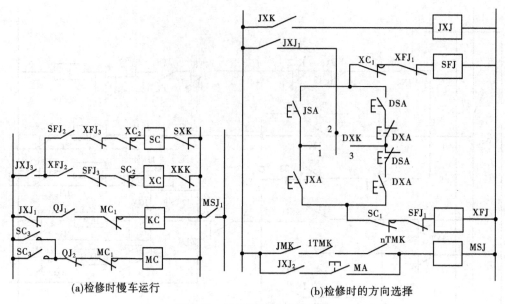

(a)检修时慢车运行   (b)检修时的方向选择

图 3-18　检修控制线路原理图

六、电梯的消防运行线路

有些电梯需要有消防功能,设置了消防线路,见图 3-19。

(一)对消防线路的要求

电梯在消防状态下有消防返基站和消防员专用两种运行状态。

1.消防返基站功能

(1)消除内指令与厅召唤。

(2)断开门回路,使门关闭。

(3)电梯上行时,最近停靠不开门,立即返基站。

(4)下行时直返基站。

(5)正开门中的电梯立即关门,返基站。

(6)电梯若正好停在基站关门待命,应立即开门进入消防专用状态。

2.消防员专用状态功能

(1)厅外召唤不起作用。

(2)开门待命。

(3)轿内指令按钮有效,供消防人员使用。

(4)关门按钮点动操作。

(5)消除自动返基站功能。

(6)轿内指令一次有效,包括选层、关门按钮指令,直流梯原动机不关闭。

(二)消防运行线路

图 3-19(a)为消防运行线路原理图,图中 XJ 为消防运行继电器,ZYJ 为消防专用继电器。在消防状态下,合上 XK 消防开头,XJ 吸合,XJ_1、XJ_2 分别断开内、厅指令线路,XJ_3 接

通定向选层自动返基线路;XJ_4 使自动手动开门无效(安全触板有效);XJ_5 使关门指令继电器 GLJ 吸合,GMJ 吸合强行关门。

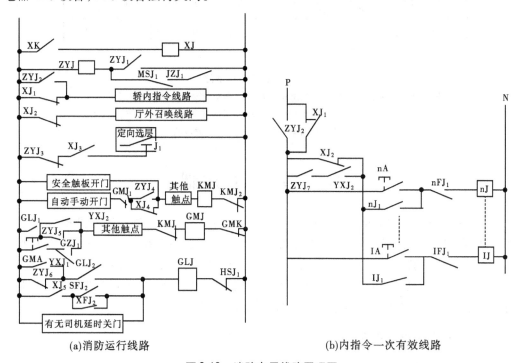

(a)消防运行线路   (b)内指令一次有效线路

图 3-19　消防专用线路原理图

在消防返基站过程中,由于内、外指令皆无效,上行中电梯处于无方向换速状态,便就近停靠,此时的手(自)动开门均不起作用,电梯在 XJ_3 返基站信号作用下返基站。当电梯返基站后,基站 JZJ 继电器吸合,门打开;MSJ 释放,消防员专用继电器 ZYJ 吸合自保。ZYJ_2 恢复轿内指令;ZYJ_3 断开返基站线路;ZYJ_4 恢复手(自)动开门功能;ZYJ_5 使自动关门不起作用,只能点动关门。当电梯运行后 GLJ 吸合,运行继电器 YXJ 吸合使 GMJ 保持在关门状态。

图 3-19(b)为内指令一次有效线路,供消防员专用。电梯停止时,运行继电器 YXJ 释放,YXJ_3 使内指令断路。当电梯运行后,YXJ 吸合,轿内指令才有自保,消防人员按 nA 不能松手直待电梯启动,如果在电梯运行中选了层,无论多少信号,当梯停后,由于 YXJ_3 的释放而使所有内指令全部消除。

七、安全保护线路

电梯的安全保护装置大都由机械、电气和机电一体安全装置组成,电梯的安全保护有多种,其中最主要的一种就是当电梯某一部位或某一部件有故障引起监视元件——电气开关动作时,使电梯切断电源或控制部分线路,从而使电梯停止运行。

图 3-20 为交流双速 PC 控制电梯的安全保护线路。

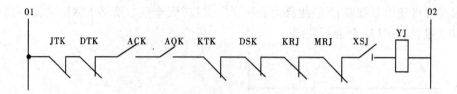

图 3-20　安全保护回路

JTK—轿内急停开关;DTK—轿顶急停开关;ACK—安全窗开关;AQK—安全钳开关;
KTK—底坑急停开关;DSK—断绳开关;KRK—快车热继电器;MRK—慢车热继电器;
XSJ—相位继电器;YJ—安全保护继电器

第三节　PLC 控制

可编程序控制器(Programmable Controller),简称 PC,为与个人计算机相区别也称 PLC,即可编程序逻辑控制器,是采用微电脑技术制造的通用自动控制设备。它不但能控制开关量,还可以控制模拟量,可靠性高,抗干扰能力强,并具有完成逻辑判断、定时、计数、记忆和运算等功能,可以取代以继电器为主的各种控制设备。实践证明,PLC 用于控制电梯各种操作和处理各种信息是可行的,并得到普遍的推广。

一、PLC 的种类和型号

按结构分有模块式、箱体式、积木式等。

按 I/O 点数分一般有 12/8、24/16、32/24、48/32、32/28、64/56、80/60,按所改造电梯的 I/O 点和性能选择。

按存储量分有 1K、2.2K、6.6K、7K、8K、32K,可根据被控对象的复杂程度来选择。

按输入量和输出方式分:输入量有开关量和模拟量等;输出方式有继电器、可控晶闸管、晶体管以及 D/A 等方式。

按工作电压分有交流 220 V 和直流 24 V。

目前世界上生产 PLC 的厂家越来越多,其新型号也相继出现。常见的有美国哥徒德生产的 M84 系列,M84、484、584、884 等。德国西门子公司及日本生产的 PLC 在我国市场较为多见,品种也较多。如日本立石公司生产的 C 系列产品,C20、C20P、C28P、C40P、C60P、C120P、C500、C200H、C1000H、C2000H 等。还有三菱 F40M、F60M,东芝 EX40,日立 E40HR、E60HR 和富士 NB1、NB2 等。

二、PLC 的结构与组成

PLC 采用计算机结构,由中央处理单元、存储器、输入输出接口电路和其他一些辅助电路组成,如图 3-21 所示。

(一)中央处理单元(CPU)

CPU 是 PLC 的核心,它集成在一个芯片上,其中包括控制电路、运算器和寄存器。CPU 通过地址总线、数据总线、控制总线与存储单元和 I/O 接口电路连接。CPU 的指令

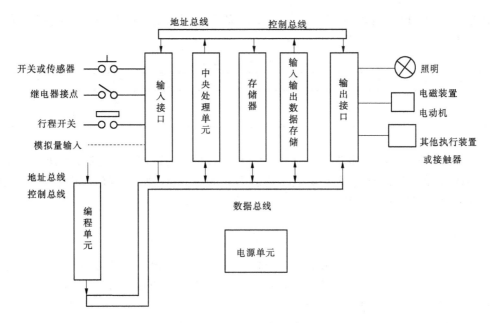

图 3-21　PLC 结构示意图

系统程序和编写系统程序固化在 ROM 中。接收的用户程序和数据存放在 RAM 中。

CPU 主要功能是:从存储器中读取指令;执行指令;继续取一条指令;处理中断指令。

(二)存储器

存储器是具有记忆功能的半导体电路,用来存储系统程序、用户程序及各种逻辑变量和信息。存储器由存储体、地址译码电路、读写控制电路、数据寄存器组成。

ROM 是只读存储器,其内容由制造厂家写入,在不失电的情况下永久保留。

RAM 是随机存储器,是一种可读可写的存储器,当读出 RAM 的内容后,其内容不被破坏;写入时,可以消除原来的信息。为防止失电后内容丢失,为 RAM 专门提供了供电电池。

(三)输入电路

输入电路可以接受现场各种输入信号,如按钮开关、行程开关、限位开关、传感器输出的开关量和模拟量。为防止干扰信号输入到 PLC 内,输入接口一般都采用光电耦合电路和微电脑的输入接口电路。

(四)输出电路

PLC 通过输出电路与执行部件输出控制信号。被控制器件有继电器、接触器、电动机等。输出电路一般由微电脑输出接口和功率放大电路组成。

(五)外存接口电路

将已调试正确的用户程序写到外存储器并长期保留。外存储器电路是 PLC 与 EPROM、盒式录音机等外存设备的接口电路,如 D/A、A/D 转换,与计算机连接的接口电路、打印机的接口电路等。

三、PLC 的 I/O 分配

对于 PLC 的输入输出设备必须进行 I/O 的分配,即对每个 I/O 设备都给出一个 I/O

的分配号,以便 PLC 能识别它们。例如日本立石公司 C 系列 PLC 的 I/O 分配,列于表 3-1 中。

表 3-1　I/O 分配表

总数	20	28	40	60	120
I	12	16	24	32	64
O	8	12	16	28	56

表 6-1 中每个 I/O 点都必须使用通道的概念来说明,用四位十进制数标识每一个 I/O 点,前两位数表示通道号,后两位数表示通道内的某一个点,每个通道有 16 个点。例如,0001 表示第一通道第二个点。

四、编程器

当你准备好了梯形图后,如果要写入 PLC 内,就需使用编程器来完成。编程器一般有三种:编程器、CD 图形编程器、CRT 图形编程器。图形编程器可以直接把梯形图符号键入 PLC 存储器中。而使用普通编程器时,必须先把梯形图变为代码,然后输入 PLC 存储器中。

下面以日本 OMRON 编程器为例,就其功能加以说明(见图 3-22)。

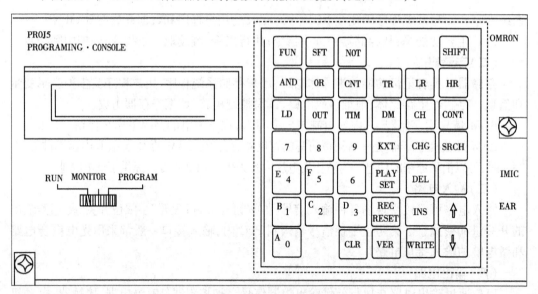

图 3-22　编程器

编程器有三种工作状态:运行(RUN)、管理(MONITOR)和编程(PROGRAM)状态,在给 PLC 编程时必须使用 PROGRAM 状态。

在给 PLC 加电后,在没有任何外围设备加到 PLC 上时,PLC 会自动进入 RUN 状态。如果编程器接到 PLC 上,PLC 加电后的状态则由编程器上的选择开关决定。在没有搞清楚 PLC 存储器中的程序内容时,一定要把选择开关置于 PROGRAM 状态,否则 PLC 一加电就开始执行程序,会造成危险。

当 PLC 连接上编程器并处于 PROGRAM 状态下,加电后电源灯亮,并在编程器的显示屏上显示"＜PROGRAM＞PASSWORD"字样——提示用户应输入口令。

编程器按其功能分为四部分,用不同的颜色区别不同的功能。键盘见图 3-23。

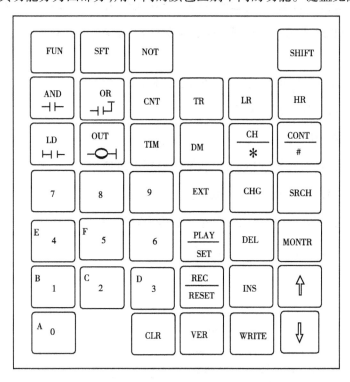

图 3-23　键盘

（一）数字键

10 个白色数字键用来输入程序地址、定时值及其他类型的数字。还有一个红色清除键 CLR(见图 3-24)。

（二）操作键

操作键如图 3-25 所示。

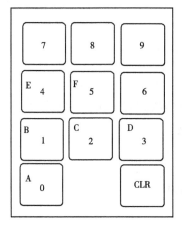

图 3-24　数字及 CLR 键

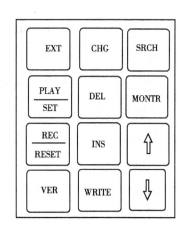

图 3-25　操作键

WRITE键,编程过程中其指令及数据用此键送入 PLC 内存的指定地址。

PLAY/SET键,运行调整键,如改变继电器的状态,由 OFF 变成 ON 或清除程序等。

REC/RESET键,再调、复位键,如改变继电器的状态,由 ON 变成 OFF 或清除程序等。

MONTR键,监控键,用于监控、准备、清除程序等。

INS键,插入键,插入程序时用。

DEL键,删除程序键。

SRCH键,检索键,在检索指定指令、继电器接点时使用。

CHG键,变换器,改变定时或计数用。

VER键,检验接收键,检验磁带等输入的程序时使用。

EXT键,外引键,启动磁带等外引程序时使用。

(三)指令键

指令键如图 3-26 所示。

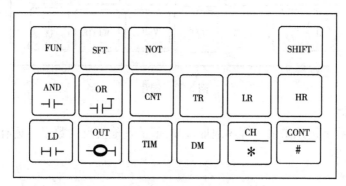

图 3-26　指令键

SHIFT键,移位、扩展功能键。

FUN键,用于键入某些特殊指令。

SFT键,移位键,可送入移位寄存器指令。

NOT键,相当于"非"的指令,形成相反接点的状态或清除程序时用。

AND键,相当于"与"的指令,处理串联通路。

OR键,相当于"或"的指令,处理并联通路。

LD键,开始输入键,将第一操作数据输入 PLC。

CNT键,计数键,输入计数器指令。

TIM键,时间键,输入定时器指令。

$\boxed{\text{OUT}}$ 键,输出键,输入 OUTPUT 指令,对一个指定的输出点输出。

$\boxed{\text{TR}}$ 键,输入暂存继电器指令。

$\boxed{\text{HR}}$ 键,输入保持继电器指令。

$\boxed{\text{CONT}}$ 键,检索一个接点。

$\boxed{\text{LR}}$ 键,输入连接继电器指令。

$\boxed{\text{DM}}$ 键,数据存储指令。

$\boxed{\text{CH/} *}$ 键,指定一个通道。

(四)CLR 键

$\boxed{\text{CLR}}$ 键是红色的,用来清除显示,在送入口令时也要用到此键,防止对 PLC 程序的非法存取,也可同时按下 $\boxed{\text{CLR}}$、$\boxed{\text{MONTR}}$ 两键来实现对程序的存取。按以上两键后,编程器显示出 PROGRAM 或 MONITOR 或 RUN。再次按 CLR 键,命令这些字消失,这时 PLC 已准备好按照工作方式开关选择的方式(编程、监控、运行)去工作。

编程前 PLC 通电并删除原有程序的操作方法如表 3-2 所示。

表 3-2 删除原有程序的操作方法

操作	显示
工作方式设在 PROGRAM 位置通电源,供电	PROGRAM PASSWORD
需要编程状态,按 $\boxed{\text{CLR}}$、$\boxed{\text{MONTR}}$	PROGRAM
清除显示按 CLR	0000
清除内存按 CLR、$\boxed{\text{PLAY/SET}}$、$\boxed{\text{NOT}}$、$\boxed{\text{REC/PESET}}$	0000 MEMORY、CLR? HR、CNT、DM
清除全部内存按 $\boxed{\text{MONTR}}$ (如果想保留 HR、CNT、DM 中的某一项不被清除,可先按相应的键)	
清除显示按 $\boxed{\text{CLR}}$ 然后可重新编程序	0000

五、指令与指令码

利用 PLC 去控制某些设备时,知道它们之间相互关系以后,就要编写出其控制程序。而每个厂家所使用的编程语言不同,其指令也不同。现以日本立石 PLC 指令加以说明。

(一)基本编程指令

LD、OUT、AND、OR、NOT 和 END 这六种基本指令,对于任何程序都是不可缺少的,下面分别加以介绍。

LD,在每一条逻辑线或者程序段的开始都要使用 LD 指令。

OUT,指出输出点,用于一个输出线圈。

AND,逻辑"与"操作,触点串联时使用。

OR,逻辑"或"操作,触点并联时使用。

NOT,它是求非的操作,它可与 LD、OUT、AND 或 OR 指令连用。

END,它表示程序结束,每个程序都必须有个 END 指令,没有 END 指令的程序不能执行,并且在编程器上给出错误信息"NO END INST"。编程 END 指令时在编程器上按 FUN 键、OR 键。

（二）其他编程指令

IL(互锁)和 ILC(清除互锁)指令。

TR(暂存继电器),TR 必须和 LD 及 OUT 指令配合使用(注:TR 号为 0~7)。

JMP(跳转)和 JME(跳转结束)指令,此两条指令应配合使用。当 JMP 输入条件为 OFF 时,不执行 JMP/JME 之间的程序,当该条件为 ON 时,JMP 和 JME 之间的程序正常执行。

KEEP(锁存)指令。

TIM(定时器)和 TIMH(高速定时器),它们都是逆减型的,输入条件满足定时开始。定时时间到,该时间继电器为 ON。TIM 定时器最小定时单位为 0.1 s,定时值范围为 0~999.9 s 一节。TIMH 定时器最小定时单位为 0.01 s,其定时范围为 0.01~99.99 s。

CNT(计数器),为逆减型计数器,串联使用可实现扩展计数。

CNTR(可逆计数器)是一个正、反向环形计数器。

SBS(调子程序)指令用于调用指定的子程序。

SBN(进入子程序)指令指示子程序的开始。

RET(子程序返回)指令指示子程序结束。

FUN(中断输入)指令用于中断主程序,执行中断服务子程序。

STEP(步)/NEXT(下一步)指令指示执行步进程序。

FAL 指令执行时,不停止用户程序的运行。用于诊断 PLC 异常情况。

FALS 指令执行时,同时停止用户程序。用于诊断 PLC 异常情况。

其他指令还有几十条,使用时可按产品使用说明操作。

（三）梯形图和指令码

如果我们在编程时使用的是编程器,就应该把梯形图程序转换成指令码。指令码包括地址、指令和数据。地址指定指令和数据存入在存储器中的位置,见图 3-27 所示。

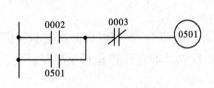

地址	指令	数据
0000	LD	0002
0001	OR	0501
0002	AND NOT	0003
0003	OUT	0501
0004	END(01)	——

图 3-27　梯形图

AMD—LD 指令和指令码,它用于连接串连的两个程序段,如图 3-28 所示。

OR—LD 指令和指令码,它用于连接两个并行的程序段,如图 3-29 所示。

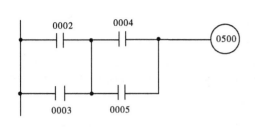

地址	指令	数据
0000	LD	0002
0001	OR	0003
0002	LD	0004
0003	OR—NOT	0005
0004	AND—LD	——
0005	OUT	0500

图 3-28　梯形图

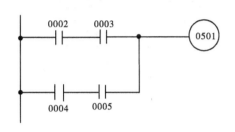

地址	指令	数据
0100	LD	0002
0101	AND—NOT	0003
0102	LD	0004
0103	AND	0005
0104	OR—LD	——
0105	OUT	0501

图 3-29　梯形图

六、编程的方法与步骤

首先要熟悉设备情况与工作过程,按工艺要求设计出控制系统图,包括断续的继电器控制系统、具有数学运算的控制系统、具有闭环反馈控制系统以及其他形式的控制系统。把控制逻辑图转变为梯形图,简化后转换成 PLC 程序代码。

(1)确定电梯控制系统顺序;

(2)确定 I/O 器件;

(3)按正确的顺序表示所要求的所有功能及它们之间的关系,先画出逻辑原理图,再改画梯形图;

(4)制编码表,将梯形图译为编码程序;

(5)将程序键入 PLC;

(6)编辑、校对检查程序;

(7)修改错误;

(8)存储已编好的程序;

(9)结束工作。

第四节　微机控制

PLC 机实际上也是一种电子计算机。就适用范围面言,PLC 机是专用机,而微机是通用机。但若从用于控制的角度来说,PLC 机是通用控制机,而根据控制要求专门设计用于某一设备控制的微机,又是专用控制机。当然微机是在大规模集成电路基础上发展起来的,功能更多,控制更灵活,应用范围更广。

一、单片机控制装置

利用单片机控制电梯具有成本低、通用性强、灵活性大及易于实现复杂控制等优点,可以设计出专门的电梯微机控制装置。八位微机的功能已足以完成电梯控制的一系列逻辑判断。图3-30是利用8039单片机控制的原理框图。

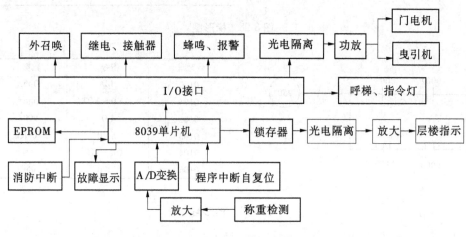

图 3-30　单片机控制的原理框图

二、单台电梯的微机控制系统

对于不要求群控的场合,利用微机对单梯进行控制。每台电梯控制器可以配以两台或更多台微机。如一台担负机房与轿厢的通信,一台完成轿厢的各类操作控制,还有一台专用于速度控制。但不论如何应用微机控制单梯,它总是包括三个主要组成部分。

(一)电气传动系统控制

微机控制驱动系统的主要环节是实现数字调节、数字给定和数字反馈。

1. 数字化的数字调节器

无论是直流或交流电梯,大多采用双闭环或三闭环调节系统。各调节器可以单台或共用一台微机来完成数字调节。软件化的数字调节器便于改变数学模型,实现各种规律,提高系统的控制精度和响应时间,由于硬件简化,系统的可靠性提高。

2. 数字化的速度给定曲线

速度给定曲线可以用三种方法来实现:第一种是把已编好的速度曲线数据存放在EPROM中,以位置传感器的位移脉冲数编码成为EPROM的地址,再从该地址中取出给定数据,这就是位移控制原则;第二种是时间控制原则,它以分频器作为时钟,按时钟脉冲计数编码成为EPROM的地址,再由该地址取出数据构成速度给定曲线;第三种是实时计算原则,它根据移动距离、最佳的加速度及其变化率,通过微机直接实时计算出速度给定曲线,这是比较先进的控制方法。

3. 数字化的反馈环节

电梯的电气传动系统可以是速度和位置的闭环调节系统,在轿厢接近平层时引入位置控制,以保证停层准确。作为速度和位置的检测元件已数字化,目前发送数字脉冲的传感元件广泛采用的是光电元件。

速度传感器是用电动机轴上的转角脉冲发送器发送脉冲,然后再计算出速度值,位置传感器采用位移脉冲发送器,直接测量轿厢的位移,或通过转角脉冲发送器间接测量轿厢的位移。

(二)信号的传输与控制

微机信号的传输有并行传输方式和串行传输方式两种。前者传输速度快,但接口及传输线用量大,抗干扰能力差;后者可大量节省接口和电缆,且可靠性高,抗干扰性好。为了实现对召唤信号和内指令信号的串行扫描,主要解决的问题是如何实现串行通信。由主机发出串行扫描信号,然后分布在各层楼的扫描器对串行信号产生作用并同主机之间进行通信,实现信号的登记和显示。目前已有电梯采用光缆来传输信号,速度快,可靠性高。

信号控制的其他任务是:层楼显示、门电动机的控制及保护、轿内指示、语言合成等。

(三)轿厢的顺序控制

微机收集了轿内外、井道及机房各种控制、保护及检测信号后,按软件规定的控制原则进行逻辑判断和运算,决定操作顺序及工作方式。

1. 自学习功能

自学习功能是指微机自动计算并记录下电梯运行过程中的停站数、各层站的间距、减速点位置,一旦电梯安装完毕,在底层将电梯慢速逐层运行至顶层,微机就将上述这些参数自动地计算并记录下来。这使系统的调试工作大大简化,提高了效率并保证了系统的控制质量。

2. 自诊断功能

计算机具有辨别内部出错的能力。它会将自检查结果储存在一个特殊的被保护的存储器中,保存的事件记录可显示在 TV 上或用打印机输出,能提供出不正常事件的详细记录,用户也可以通过 TV 旁的键盘查找故障记录。高级的系统还能按故障级别进行处理及采取应急措施。

3. 电梯开、关门功能

在微机的参与下,电梯的开、关门可以实现平滑调速和按位置减速,进行无触点控制。门控制单元有:逻辑控制、速度编程发生器、速度控制器、可控硅触发器和安全监控装置,这些单元都由微机控制。开、关门速度曲线可以预先输入图3-31是几条典型的开关门速度及时间关系曲线,这些指令曲线可由微机来加以选择,作为速度调整的模式。如同曳引电动机控制一样,门电动机速度控制也可采用双闭环结构,即速度反馈和位置反馈,以保证速度和位置的准确性,速度信号可由测速机取得,位置信号可由滑动电阻取得。

轿厢门的入口保护、自动重新开门、本层顺向外召唤重开门、到时间强迫关门等功能也都由微机控制。

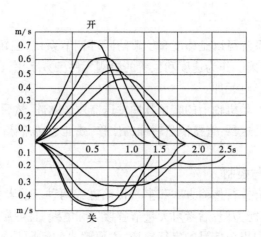

图 3-31　开、关门速度及时间关系曲线

三、群控——多台微机控制系统

为了提高建筑物内多台电梯的运行效率,节省能耗,减少乘客的候梯时间,将多台电梯进行集中统一的控制称为群控。群控目前都是采用多台微机控制的系统,梯群控制的任务是:收集层站呼梯信号及各台电梯的工作状态信息,然后按最优决策最合理地调度各台电梯;完成群控管理机与单台梯控制微机的信息交换;对群控系统的故障进行诊断和处理。而目前对群控技术的要求是,如何缩短候梯时间和与大楼的信息系统相对应,并采用电梯专家知识,组成提供非常周到的服务及具有灵活性的控制系统。

在规模较大的建筑物内,一般是以 4~8 台电梯为一组进行群控。当在层站有召唤信号时,群控装置就会以轿厢召唤和轿厢位置等情况为依据,瞬时判断出新产生的召唤信号应分配给哪台电梯,并使预约灯点亮,向乘客指明应乘的电梯。当电梯快要到站时,预约灯灭。

一般群控管理程序预编制好后固化在程序寄存器内,根据电梯客流模式(如上行高峰、下行高峰、空闲状态等)编制相应的调度原则。当交通状态变更,如建筑物内布局改变或客户变更时,可重新更换程序。

现在较新的群控方式采用了心理性时间评价方式,并实行即时预告。由于物理性等候时间与乘客的焦躁程度是呈抛物线关系的,心理等候时间就是将物理性等候时间转化为乘客的心理焦躁感觉,以此作为指标来调度电梯。

在现代的群控技术中,已经开始应用模糊理论,在应答层站召唤信号分配电梯时,采用综合评价方法。将综合考虑的因素(即专家知识)吸收到控制系统中。在这些综合因素中,既有心理影响的因素,也有对即将要发生情况的评价。如:假定(IF)上方层站产生召唤和当分配某一轿厢(A)时,轿厢(A)向上应答,则(THEN)除具有上述类似情况的轿厢之外,其他为候补分配轿厢。从候补分配轿厢中,分配评价值最小的轿厢。

所谓电梯的分配评价值公式假设可以写成

$$\psi_k = F(\psi_{ak}, \psi_{bk})$$

式中　k——电梯编号;

ψ_{ak}——候梯时间；

ψ_{bk}——其他综合因素。

然后根据各梯的实际情况，可以加权计算出最小分配评价值的轿厢($\psi = \min(\varphi_k)$)。

我们来分析图 3-32 的例子。大楼为 12 层，有 4 台电梯，编号分别为 1～4。其中 1 楼客流最混杂。现在 1 号、3 号两台梯分别从 4 层和 9 层向上运行，8 层、11 层和 12 层都有轿内指令。2 号、4 号梯分别在 2 层和 6 层处于停机待客状态。当 10 层有下召唤时，等候在 6 层的电梯能最快应答召唤，但一会儿 1、3、4 号 3 台梯都将向上层集中。因此，当客流混杂的 1 层楼和下方层站重新产生召唤时，只有 2 号梯能参与服务，可以预料服务质量会下降。若下方层站停有 2 号、4 号两台梯，就比较妥当。

那么如何实现呢？

我们可以用 IF—THEN 规则，首先对条件部分进行加权处理。图 3-33 表示电梯对上方层站有召唤时的适合程度，10 层楼层为 0.8。图 3-34 表示对各轿厢分配时的集中适合程度，2 号梯为 0.9，4 号梯为 0.8。整个规则的适合程度用这两个权函数的最小运算求出。结果 2 号和 4 号梯为 0.8，1 号和 3 号为 0，则 2 号和 4 号梯从候补轿厢中除去。1 号和 3 号梯中，候梯时间评价值最小是 3 号梯，所以 3 号梯作应召梯，它应先上 12 层后再折返 10 层。

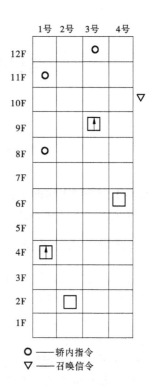

图 3-32　指令和召唤信号要求

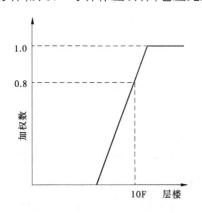

图 3-33　上方向层站有召唤的权函数

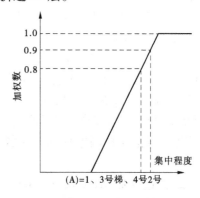

图 3-34　轿厢集中于上方层站的权函数

第四章　电梯的使用

第一节　电梯操纵器件

根据不同种类电梯的速度和自动化程度有各种不同的操纵器件和不同的操纵顺序。操纵器件是供司机或乘客操纵电梯用的部件。

一、轿内操纵箱的结构及面板布置

各类轿内操纵箱的结构及其元器件选用均是根据某种电梯的自动化程度,也就是根据该梯所应具有的功能而又需在电梯轿厢内操纵的情况而决定其结构和元器件的布置。总之,轿厢内操纵箱是根据该梯的电气控制线路的要求而布置其元件,从而确定出一种具体的结构。

(一)信号按钮控制型电梯的轿厢操纵箱

信号控制型电梯如 XH 型(旧代号为 XPM 型),是由经专业安全培训过的电梯司机来操纵运行的。司机根据轿厢内乘客要求欲达层楼数或反映在操纵箱上的各层厅外召唤信号指示数而揿按操作箱上相应的指令按钮操作电梯运行。

这样根据信号按钮控制电梯,其轿厢操纵箱应由下列电器元件和钣金部件所组成:

(1)盒体,存放固定电器元件和接线。

(2)面板,显示和布置各操纵电器元件。

(3)电器元件,有指令按钮,开、关门按钮,手指开关,召唤信号指示灯,安全开关,警铃,应急按钮等。

该种信号按钮控制电梯的轿厢操纵箱面板布置如图 4-1 所示。

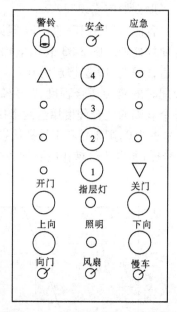

图 4-1　XPM 轿厢操纵箱正面布置图

(二)集选控制 JX(旧代号为 KJX)电梯的轿厢操纵箱

集选控制(KJX)电梯是一个有/无司机两用控制操作的自动化程度较高的梯种。该种电梯可以由经过专业安全培训的电梯司机进行操纵,也可以由乘坐电梯的乘客自己操纵。为了实现上述这两种操纵,电梯轿厢内操纵箱的设计结构必须有别于前述的信号按钮控制(XPM)电梯的轿厢操纵箱,其最大区别在于厅外各层的召唤信号不在操纵箱反映出来,而在电气控制线路中自动反映,但多了有/无司机工作状态的转换钥匙开关和有司机时的向上(或向下)开车按钮和超载时的闪烁灯光音响信号。

该操纵箱也是由下列电器元件和钣金件所组成:

（1）盒体,存放和固定电器元件和接线。

（2）面板,显示和布置各操纵电器元件。

（3）电器元件,有与停层数相对应的指令按钮、开关门按钮、司机—自动—检修各状态转换的三位置钥匙开关,超载信号指示,还有"急停"和警铃按钮等,其具体布置如图4-2所示。

该品种电梯的操纵箱也有把有司机操纵部分的电器元件布置在操纵箱下部的小盒内,在无司机使用时把此有司机小盒的盖子关上加专用"T"字锁锁住。这种操纵箱如图4-3所示。

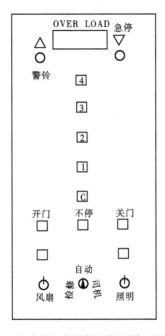

图4-2 集选控制电梯轿厢操纵箱正面布置图

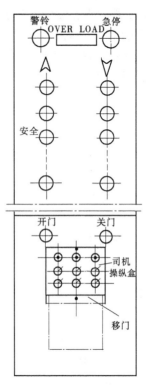

图4-3 带有"小门"的集选控制轿厢操纵箱正面布置图

（三）新型按钮元件的轿厢操纵箱

上述两种操纵箱的按钮元件是圆形或小方形的机械接点式按钮。而现在有电子触摸式或微动薄膜式开关接点,例如瑞士迅达电梯公司的"M"型轿厢操作箱即属此列。

该操纵箱所应具有的操纵功能与集选控制（KJX）相类同。其按钮元件的外形如图4-4所示。

"M"型操纵箱的结构有别于上述两种操纵箱,它是轿厢前壁的一部分。其次所有电器元件均是装在面板上,因此拆装和接线十分方便。其结构和

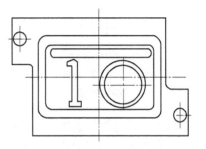

图4-4 "M"型按钮元件外形图

正面布置如图 4-5 所示。

二、层楼上召唤按钮箱

各种类型电梯为了供各个层楼上乘客使用,在各个层楼上均设置各种类型的厅外召唤按钮箱。除了底层和最高层的召唤按钮箱只有一个召唤按钮外,其他各层的召唤按钮箱均是两个召唤按钮,以便乘客向上召唤或向下召唤电梯。

电梯的召唤按钮对于所有电梯均是需要的,而其他按钮可以是各色各样的,可以选用市场上常见的通用按钮(例如 LA – 1K、LA12 ~ 22、…),也可以是各个电梯厂家自行设计的专用按钮(例如迅达电梯公司的 R1 系列和"M"系列的按钮)。但不管何种按钮均应带有揿按以后的记忆信号灯,以示召唤信号已被登记。

召唤按钮箱也是由盒体、按钮元件、面板三个部分所组成的。图 4-6 为小方形的 R1 按钮,其面板尺寸为 65 mm × 300 mm。图 4-7 为"M"型按钮(有电子触摸式的或气囊薄膜式微动开关)。

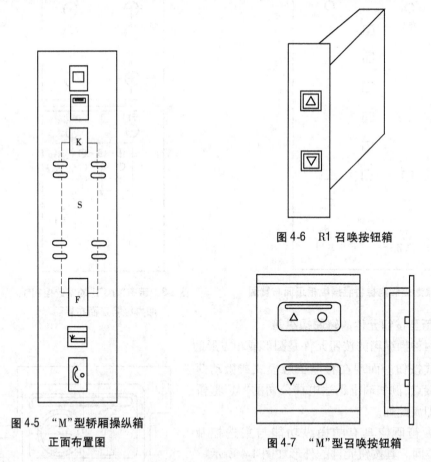

图 4-6　R1 召唤按钮箱

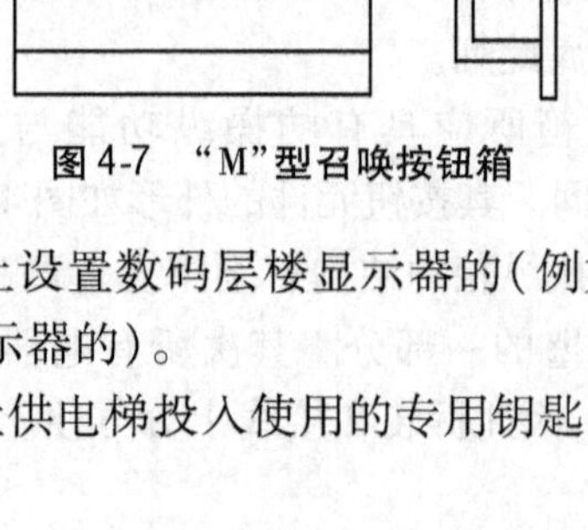

图 4-5　"M"型轿厢操纵箱
正面布置图

图 4-7　"M"型召唤按钮箱

国外一些电梯厂家中,也有在召唤按钮箱上设置数码层楼显示器的(例如三菱电机公司和日立电梯公司的按钮箱上有设此数码显示器的)。

在某些电梯中,在底层召唤按钮箱还可设置供电梯投入使用的专用钥匙开关。当然也可有供消防人员专用的消防钥匙开关。在医院大楼内的某层召唤按钮箱上不一定是按钮而是由医务人员专用的钥匙开关，只要接通该层召唤箱上的钥匙开关即可使某一台电梯直驶该层以供医务人员抢救病员专用。

三、消防员专用开关箱

任何一幢大楼内，只要有一台或多台电梯，根据消防规范规定必定要有一台可供消防员专用的消防电梯，则在该消防梯的底层入口侧设置消防专用开关箱。

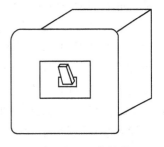

图4-8　消防开关箱简图

消防开关箱一般设置于底层大厅电梯门口侧上方离地约1.7 m高的位置处。该消防开关箱结构不同于一般开关箱，我们可从图4-8中看出，该开关箱的面板上有玻璃小窗，内有手指开关或搬把开关，当有消防火警时，敲碎玻璃窗，扳动开关，即可使电梯立即返回底层大厅供消防人员使用。

第二节　对电梯用户、司机和管理人员的基本要求

电梯是高层建筑不可缺少的垂直交通运输设备。电梯产品质量的衡量标准如下：①要有好的产品设计技术，提供符合质量要求的产品；②要有好的现场安装调试技能，经国家有关部门检测合格，提供正常运行的电梯设备及其有关电梯设备的技术资料和验收资料；③要有一套完整的电梯运行管理制度和日常维护保养制度。这三者达到一致的认可和有机的结合，才能确保电梯正常运行。

电梯是运送人和货物的设备，其运行特点是启动、停止和升降变化频繁，承载变化大。电梯关人、夹人、冲顶、蹲底等人身设备事故时有发生，造成经济损失和不良的社会影响。因此，电梯被视为特殊的运输设备。国家先后颁发了(91)劳安字(8)号《起重机械安全监察的规定》、(92)劳安字(13)号《关于加强电梯安全管理的通知》和(95)劳安字(21)号《关于进一步加强电梯安全管理的通知》。

为了确保电梯安全运行，落实国家电梯安全管理法规，对电梯用户、管理人员、电梯驾驶员(或称司机)提出基本要求如下。

一、对电梯用户的基本要求

电梯用户或物业管理部门要提出一套符合实际的目标管理制度，具体内容如下：

(1)一套完整的安全保障制度；

(2)根据客流量进行交通分析，实施按时、高峰运行方案；

(3)全方位电梯运行状况监督方案；

(4)电梯日常维修保养记录日志及其周、月、季、年保养计划；

(5)电梯技术资料、运行记录、维护保养记录、安全检查记录等文件资料的档案管理；

(6)若有可能进行大楼智能集中监控管理。

二、对电梯司机的基本要求

（1）具有高中文化程度，身体健康，并经特种设备安全监督部门专业培训并取得上岗证者方可上岗操作驾驶。其他人员一律严禁操作电梯（无司机控制电梯除外）。

这里特别要强调的是严禁患有心脏病、高血压、精神分裂症、耳聋眼花、四肢残疾或低能者充当电梯驾驶员（或管理人员），因为电梯是一个特殊的运输设备，频繁的上下启动、停止，人员经常处在加（减）速度及颠簸状态，时间久了就会使上述患者身体疲劳或精神高度紧张，很有可能在电梯运行中产生误操作或电梯发生故障时没有能力处理，造成不必要的事故，而患者本人还会加重病情。所以，电梯司机的身体健康是第一位的。

（2）电梯司机需经专业知识培训后上岗。具有一定的机械和电工基础知识，了解电梯的主要结构、主要零部件的形状及其安装位置和主要作用。了解电梯的启动、加速、制动减速、平层停车等运行原理和电梯的基本保养知识的操作，对简单的故障有应急处理的措施和排除能力。

（3）电梯司机应非常清楚和熟悉电梯操作箱上的各按钮的功能，熟悉大楼主要功能，熟悉电梯的主要技术参数（电梯速度、载重量、轿厢尺寸、开门宽度及高度等）。

（4）电梯司机应掌握本电梯的安全保护装置的安装位置及其作用，并能对电梯运行中突然出现停车、溜层、冲顶、蹲底等故障临危不惧，能采取正确措施。

（5）服务态度良好，礼貌待人，能熟练地操作电梯。

（6）做好每天运行记录，同时观察电梯运行情况，若有故障疑问及时向有关部门反映，能配合维修人员排除电梯故障。

三、对电梯管理人员的基本要求

（1）管理人员具有大专以上的文化程度（机电专业），并经特种设备安全监督部门专业培训并取得上岗证方可担任。

（2）熟悉电梯技术，熟悉电梯运行工艺，熟悉智能/网络管理技术及其档案管理。

（3）能编制电梯目标管理条例，协助有关领导落实电梯安全运行的实施。

（4）能编制电梯周、月、季、年保养计划并保证其落实和实施，及时反馈信息，确保电梯正常运行。

第三节　有司机操纵运行

一、操作前准备工作

电梯司机在每天上班启用电梯之前，应对电梯进行班前检查，班前检查内容主要是外观检查和试运行检查。

（一）外观检查内容

（1）进入机房检查其曳引机、电动机、限速器、极限开关、控制屏、选层器（如果有的话）等外观是否正常，控制屏及各开关熔断器是否良好，三相电源电压、直流整流电压是否正常,机械结构有无明显松动现象和漏油状况,电气设备接线有否脱落,电线接头有否松动,接地是否良好等。

(2)在底层开启电梯层门和轿门进入电梯轿厢之前,首先要看清电梯轿厢是否确实在本层站后方可进入轿厢,切勿盲目闯入造成踏空坠落事故。

(3)司机进入电梯轿厢后,检查轿厢内是否清洁,层门及轿门地坎槽内有无杂物、垃圾。轿内照明灯、电风扇、装饰吊顶、操纵箱等器件是否完好,其上所有开关是否处于正常位置上。

(4)接通电源开关后,各信号指示灯、指令按钮记忆灯、召唤蜂鸣器工作是否正常。

(二)试运行检查

有司机操纵的电梯大多为载货电梯、服务梯、办公楼用梯等,这些在一天工作后经过一夜的停运,在第二天正式投入运行之前必须进行上、下试运行若干次,方可投入正常运行。为什么要这样呢?原因是多种多样的。尤其在冬天或雨季湿度较大时,易引起润滑油流动不畅,电气元件的接点或其本身特性的临时变化等因素均可引起电梯运行的最初阶段性能不稳定,待试运行若干次后即可达到正常运行水准。试运行检查方法如下。

(1)先作连续单层运行,上下两端站先不到达,待每层均能正常运行,减速和停车后,再作上下端站间的直驶运行。在此期间应检查操纵箱上各指令按钮、开关门按钮及其他各个开关动作是否可靠,信号指示是否正常可靠。

(2)在试运行中静听导轨润滑情况,有无撞击声或其他异常声响,是否闻到异常气味等。

(3)检查各层门门锁的机械电气连锁是否可靠有效,开、关门是否有撞击声,若关门不能一次完成,说明安全触板或光电保护装置不良。

(4)试运行中还需检查各个层楼的平层准确度。尤其轿厢空载上行端站或下行端站停层是否正确,是否在规定误差范围之内,停车时是否有剧烈跳动或毫无知觉而停层误差很大,若出现该异常情况必须检查曳引机上制动器工作是否正常可靠。

经过以上各项检查及试运行后,已达到正常工作状况的,电梯才可投入正常服务,否则应请电梯检修人员进行检修和排除故障。

二、有司机状态的使用和操纵

这种情况包括自动化程度较低的一般载货电梯、医院电梯、中低级办公楼的乘客电梯等梯种的使用和操作,但不论何种电梯,其总的运行工艺过程基本上是类同的。

(一)电梯开始使用与停止使用的操纵

当任何种类的电梯在正式投入使用前或在撤出使用时,其使用操纵方法是:

(1)投入使用时,在电梯投入正常使用前必须做好动力电源和照明电源的供电工作。然后,由经过特种设备安全监督部门专业培训的电梯司机或管理人员在基站(或最低层)用专用钥匙插入装于基站厅门旁侧的召唤按钮箱上的钥匙开关中,使钥匙开关接通电梯的控制回路和开门继电器回路,使得电梯门开启(因在一般情况下,电梯不使用时,电梯的轿厢门和厅门均是关闭的)。电梯司机或专职管理人员可以进入电梯轿厢内。最后,进行前述的一般外观检查和上、下试运行几次,证明确实安全可靠后,方可投入正常使用。

对于一般载货电梯或按钮信号控制的医用梯、住宅梯等,只有当电梯返回基站(或最低层后)方可使钥匙开关起作用;而当电梯不在基站时,钥匙开关就不能起作用,以保证电梯正常而又安全可靠地使用。

注意:上述几种电梯的投入运行钥匙必须由专人保管,不得随意交给他人保管和使用。

(2)当一天工作结束时,应使电梯撤出正常运行。对上述几种电梯或其他有司机操作的电梯,必须首先把电梯驶回基站(或最低层),然后才可用专用钥匙断开钥匙开关控制的电梯安全回路(即可使电梯的全部控制电路切断);与此同时,电梯门关闭,这样电梯就不可能再运行,直至重新使用时把钥匙开关接通后方可再使用电梯。

(二)有司机状态下的运行操纵

不论何种电梯,在电梯有司机使用时,首先要了解一下电梯轿厢内操纵箱面板上各元件的作用。现以图4-2的集控制电梯轿厢操纵箱(KJX电梯)为例。在该图中的上方,有上、下运行方向箭头灯、超载信号灯、蜂鸣器、警铃和急停按钮(SBL和SBT)。中间部分有与实际层站数相对应的轿内选层指令按钮(带有记忆灯)SB101~SB100+n。下部有开门、关门按钮(SB82、SB83),直驶不停按钮(SB73),上、下方向启动开车按钮(SB17、SB18),有/无司机、检修(即司机—自动—检修)状态选择的转换钥匙开关以及轿内电灯照明、电扇的手指开关等。

若信号按钮控制的电梯操纵箱面板(如图4-1所示的XPM电梯轿厢操纵箱面板)比上述的KJX的轿厢操纵箱增加了各个层楼上厅外上、下召唤按钮信号指示灯,则可以表明某层楼有乘客需乘坐电梯。

(1)电梯的选层和定向。当乘客进入电梯轿厢后,即可向司机提出欲去的层楼数,司机揿按操纵箱上与乘客欲去层楼数相对应的该层指令按钮(SB101~SB100+n),同时该按钮内记忆指示灯点亮,说明该层的指令信号已被登记,且记忆住了;与此同时,经控制屏中的继电器逻辑电路和自动定向电路,电梯即可定出电梯运行方向,即操纵箱面板上方的上行方向箭头灯点亮。轿厢内和各层楼厅上方的层楼指示器上的上行方向箭头灯也被点亮。这样说明电梯的运行方向已被确定。

(2)关门启动。在电梯有了运行方向后(不论是轿内登记的指令信号还是各个层楼厅外召唤信号所决定的电梯运行方向),司机即可揿按操纵箱上的启动开车按钮(SB17或SB18),使电梯自动关门,待电梯的门(内、外门)完全关好后,电梯即自动启动运行。

如在关门过程中,门尚未完全关闭之前,司机发现还有乘客需乘用电梯时,则司机可揿按开门按钮(SB82),使电梯门立即停止关闭,并重新开启;然后再重新揿按开车方向按钮(SB17或SB18)关门启动。

(3)减速、停车和开门。电梯的减速、停车和到达门区自动开门,这一全过程均是自动进行,可以不用司机操作。

(4)司机的"强迫换向"操纵方法。当某乘客因某种原因急需返回与已定运行方向相反的方向层楼时,或者是司机临时想起要去反方向的层楼办事时,则只要在电梯门尚未完全关闭之前,司机可以揿按与已定运行方向相反的方向开车按钮(SB18或SB17),即可使原已确定的运行方向消失;与此同时,再揿按要去反方向层楼数相对应的指令按钮,即可建起与原已确定的方向相反的运行方向。这一点在有司机操纵时是至关重要的。

注意：人为"强迫换向"的操纵只能在电梯停运状态下，或电梯门尚未完全关闭的准备运行状态时进行。

三、有司机运行过程中的注意事项及紧急状况的处理

(一)有司机运行过程中司机应注意的事项

(1)如发现电梯在行驶中速度明显升高或降低，且停层不准，或"溜层"等状况时，应立即停止使用电梯，报告管理部门，通知检修人员检修。

(2)电梯的行驶方向与预定选层运行的方向不一致时，例如电梯轻载从最高层往下行驶，结果电梯反向往上行驶，应立即停止使用，通知电梯管理部门进行检修。

(3)电梯在行驶过程中，司机如发觉有异常的噪声、振动、碰撞声时，应停止使用电梯，并通知管理部门进行检修。

(4)在电梯使用过程中如发现轿厢内有油污滴下，也应停止使用电梯(机房内曳引机有可能大量漏油)，并应通知有关部门检修。

(5)当电梯在正常负荷情况下，在两端站停层不准，超越端站工作位置时，电梯也应停止使用，通知有关部门检修。

(6)在正常条件下，如发现电梯突然停顿一下又继续运行或停顿后运行有严重碰擦声时，说明电梯轿厢有倾斜，使门锁或安全钳误动作，此时也应停止使用电梯，通知有关部门检修。

(7)当司机或乘客触摸到电梯轿厢的任何金属部分时，有"麻电"现象，电梯应立即停用，通知有关部门检修。

(8)在电梯运行过程中，如在轿厢内闻到焦臭味时，应立即停用电梯，通知有关部门检修。

(二)司机在电梯发生紧急状况时的处理

在电梯运行中发生上述紧急故障时，司机首先要保持镇定，稳定电梯轿厢内乘客的情绪，告诫乘客不要恐惧和乱动，并立即用警铃按钮报警或用电话或对讲机等其他形式迅速与电梯机房或电梯值班室或外部联系，争取及早得到外部帮助，以及时采取措施，排除故障。具体简述如下。

(1)电梯门关闭后，不启动运行，司机应揿按操纵箱上的开门按钮(SB82)使电梯门打开，并重新再一次揿按方向开车按钮(SB17或SB18)，使电梯再次关门。若这样仍不行，电梯关门后也不运行，也不能开门(例如"电脑"控制电梯往往就是这种情况)，则此时司机应告诫乘客，不能妄动，尤其是不能强行"扒门"，待"电脑"系统本身的保护系统经45 s左右延时后电梯即可自动开门放人。

(2)对于一般常见的各类电梯(例如信号控制的XPM电梯、集选控制的KJX电梯以及DH1－1KS等国内外电梯)，通常在轿厢操纵箱上设置有检修慢速运行转换开关(或钥匙开关)，电梯司机在上述第一种方法处理失效情况下，可将操纵箱上检修开关(或钥匙开关)处于慢速检修运行状态，揿按方向开车按钮和"应急"按钮，强令电梯慢速运行至邻近层楼平面处开门放人，然后等待电梯检修人员急修电梯。

（3）对于轿厢操纵箱上无慢速检修运行开关的电梯，司机应通过操纵箱上的警铃按钮（ALAM）或对讲机或电话机通知电梯管理值班人员或电梯急修人员，报告电梯故障情况，耐心等候电梯急修人员前来解救。

（4）司机如发现电梯厅轿门尚未完全闭合而能启动运行，或在按关门按钮（SB83）后电梯门未关闭好，而开车按钮（SB17或SB18）尚未按动时电梯即能启动运行，此时乘客必然惊慌。电梯司机必须拦阻乘客往外跳离轿厢。若操纵箱有急停按钮的立即按下急停按钮使电梯强行停止，如若无急停按钮则应通过警铃按钮（SBL）或对讲机或电话等方法与外部联系。再如无上述设施时，只有当电梯到达某层或至两端站停车，只要电梯停止，司机应让乘客按顺序撤离轿厢。

总而言之，在有司机操纵电梯运行时，不论电梯发生什么样的故障（包括"冲顶"、"蹲底"等故障），电梯司机首先不应惊慌，要稳定梯厢内乘客情绪，积极采取上述几方面的措施，及早开门放人，等候电梯急修人员抢修电梯。

（三）司机在电梯停驶后的工作

（1）当电梯每天工作完毕（下班）而不再使用时，司机应将电梯轿厢驶回底层（或基站）；同时，应将轿厢操纵箱上的安全开关、召唤信号、层楼指示灯的开关（假如有的话）均断开，使所有信号灯熄灭。

（2）司机在离开轿厢前先检查轿厢是否有异物，并切断轿内照明开关、风扇开关，然后通过钥匙将在底层厅门侧召唤箱上的钥匙开关转动，使电梯关门，待门关好后会自动切断电梯控制电源。

第四节　无司机状态下的操纵方法

所谓无司机操纵电梯就是该电梯的操纵运行均是在无专职电梯司机操纵，而由乘客或大楼内部人员操纵使用的电梯。该类电梯自动化程度很高，安全保护系统也很完善和有效。

一、无司机操纵使用前的准备工作

对于有/无司机两用的集选控制电梯在把电梯转入"无司机"使用状态时（例如大楼内客流不大，或深夜，或是该电梯完全是大楼内部人员使用等状况时），电梯管理人员（或电梯司机）应检查下列内容，并确保一切良好后方可将电梯转入无司机使用状态。

（1）电梯轿厢内的"乘客使用须知"说明牌是否完好无损，清晰可辨。

（2）电梯的超载保护系统是否良好和有效，这一点是十分重要的。如若超载保护装置失效，则电梯绝不允许转入"无司机"运行状态。

（3）电梯门的安全保护系统是否良好和有效。例如电梯轿厢门的安全触板动作是否灵敏可靠，光电保护装置（或电子近门保护）是否良好和有效（即在电梯关门时有物体挡住光电装置或接近轿门边沿时是否能使门停止关闭而立即开启）。

（4）在电梯停运状态下，操纵箱上的开、关门按钮（SB82或SB83）是否有效，尤其在关门过程中揿按开门按钮（SB82）是否能重新开门。

(5)电梯内的报警及对外通信联络信号系统(对讲机或电话机)是否有效可靠,这一点也是至关重要的。若是设置电话机的应在其上明显标出紧急呼救的电话号码。

二、乘客操纵和使用电梯的方法及注意事项

对于集选控制的有/无司机两用电梯处于无专职司机操纵状态时,电梯的运行及停止将由乘客和其本身所具有的自动控制功能所决定,但主要还是听从乘客,乘客应按该电梯所具有的基本功能和运行工艺过程进行使用与操纵,具体方法如下。

(1)对于初次乘用这种电梯的乘客,在乘用前应向服务人员或其他熟悉使用情况的乘客了解使用方法,也可仔细阅读底层大厅电梯门口侧或电梯轿厢内的"乘客使用须知"说明牌,以便正确乘用电梯。

(2)在某层楼的乘客须乘用电梯时应揿按乘客欲去方向的电梯层门旁侧召唤按钮箱上的召唤按钮,不能同时揿按向上、向下两个按钮,否则会影响你到达欲去层楼的时间。

(3)在某层等候电梯到来的乘客应注意电梯厅门上方的层楼指示灯或到站钟(或铃)响。当电梯到达后应先让到达该层的乘客出来,然后再进入轿厢。

(4)某层乘客看到停在该层的电梯正在关门而尚未启动运行前而急须乘用电梯,可不必向电梯门口冲去,而只要揿按住该层的与电梯运行方向一致的某一方向召唤按钮即可使电梯停止关门而重新开门(这就是"本层开门"功能)。

(5)进入电梯轿厢内的乘客应及时揿按轿内操纵箱上欲去层楼的指令按钮,该按钮内的记忆灯即被点亮,说明指令已登记好,并记忆住了。尤其在轿厢无其他乘客时,更应及时揿按欲去层楼的指令按钮,否则会被电梯门关闭后所允许的其他层楼的厅外乘客的召唤信号而发车运行,可这一运行方向却可能与早先进入轿厢乘客欲去的运行方向相反,这样就会大大降低电梯使用效率和延误先要电梯乘客的时间(这就是"轿内优先"功能的体现)。

(6)当电梯停在某层,装运乘客的过程中,如轿厢操纵箱上的"OVER LOAD"(超载信号)红色信号灯闪烁和发出断续蜂铃声时,说明电梯已超载,后进入轿厢的乘客应主动依次退出,直至灯不闪、铃不响为止。

(7)乘客在电梯运行过程中,绝不允许在电梯轿厢内嬉闹和打斗,不然将会引起电梯不必要的故障及其他人身安全事故。

三、乘客在无司机操纵下使用过程中紧急状态的处理

在集选控制电梯的无司机使用过程中,难免也会出现一些紧急故障情况,此时乘客应按下列办法进行应急处理。

(1)由于电梯的超载装置失灵,那么在乘客大量涌入轿厢内时,很可能会使电梯大大过载,以至于电梯门未关闭或未发出开车指令时电梯就自行向下运行,而且速度愈来愈快。在此种状况下,每位乘客不应惊慌、不要妄动,绝不允许争先恐后地逃离轿厢。正确的做法是:①揿按操纵箱上的警铃按钮 SBL(AL AM)报警,如有对讲机、电话机时,可以直接与电梯机房或电梯值班室或电梯主管部门联系,告知电梯故障情况。②轿厢内的所有乘客尽可能远离轿厢门,当电梯继续下行,且速度也明显加快,乘客应做好屈膝准备,这样

在电梯"蹲底"时不致造成过大的伤害。

（2）由于门电锁接触不好等原因而在电梯有方向，且关闭好内外门后，电梯仍不能运行时，乘客千万不能用手强行"扒门"，可以采取下列措施：①对一般集选控制（例如 KJX、GJX 型等电梯），信号控制电梯只要揿按操纵箱上的开门按钮（SB82），即可使电梯重新开门，乘客可以换乘另一台电梯。②在用开门按钮开门后，一部分乘客已离开电梯，剩下的乘客可以揿按关门按钮（SB82），令电梯再次关门，可能门电锁接通了，电梯即可自动运行。如若电梯再次关门后还不能运行，则可再次关门，并用手帮助关门，这样电梯就可能运行。如若还不行时，则应开门放人，并通过警铃按钮或对讲机或电话机告知电梯故障状况，并等候电梯急修人员修理。

（3）电梯在减速制动后到达层站不开门时，或平层准确度误差在 100 mm 以上时，或继续慢速"爬行"时，乘客也可不必惊慌，这可能是由于开门感应器（SQ84）未动作。若平层误差很大，乘客仍能离开电梯轿厢，应依次离开，不能争先恐后。若是不开门继续慢速"爬行"，则也不必用手强行"扒门"，让电梯到达两端站后，借助上、下方向限位开关，使电梯停止运行并可开门。

在这种情况下，乘客也应通过警铃按钮或对讲机或电话机告知电梯值班人员，通知电梯急修人员修梯。

第五节　检修状态下的操纵方法

对于每一台电梯，为排除故障或做定期维修保养，电梯应具有的检修运行功能是必不可少的。

对于一般信号控制、集选控制的电梯，其检修状态的运行操纵可以在轿厢内操纵，也可在轿顶操纵。在轿顶操纵时，轿内的检修操纵不起作用，以确保在轿顶操纵人员的人身安全和设备的安全。但根据 1995 年国家标准局颁布的《电梯的制造与安装安全规范》（GB7588—2003）规定，电梯的检修操纵运行只能在轿厢顶或电梯机房内操纵，但机房的检修操纵必须服从于轿顶上的检修操纵运行。

参与检修操纵的人员必须经过电梯专业培训并获得当地特种设备安全监督部门颁发的特种作业人员证书。

一、检修操纵箱的结构和要求

根据新的国家标准《电梯制造与安装安全规范》（GB7588—2003）中 14.2.1.3 条的规定，不论是在轿厢顶上或是电梯机房内进行检修操纵运行，其检修操纵箱应具有图 4-9 所示的结构。

从图 4-9 中可知，该操纵箱上设置如下。

（1）检修—正常运行的转换开关。该开关是双稳态的且设有无意误操纵的防护圈。只要这一开关处于检修操纵的位置（即进入检修运行）应取消下列操纵：①正常运行，包括任何自动门的操纵；②机房内的紧急电动运行（参见 14.2.1.4 条规定）；③对接装卸运行（参见 14.2.1.5 条规定）。

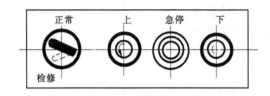

图 4-9　检修操纵箱的结构示意图

(2)轿厢运行应依靠一种持续揿压按钮,可防止意外操纵并标明运行方向。也就是检修运行时要通过持续揿压钮头不凸出而凹陷的且标明运行方向的按钮,才可使电梯以检修速度(≤0.63 m/s)向上或向下运行,当手松开该按钮后,电梯即停止。

(3)应设有一个双稳态的红色蘑菇形停止按钮或其他双稳态的不易误操纵的红色停止开关。

(4)对于过去一些电梯产品,除了在轿厢顶上可进行检修操纵外,还可在轿厢内进行检修操纵,则在轿厢顶的检修操纵箱上还应设有轿顶—轿内检修运行的转换开关。但值得引起注意的是,当该开关拨向轿顶检修操纵运行时,通过该开关中的另一对接点迫使轿内无论何种操纵均不能使电梯运行(快速的或慢速的),而仅仅只能听从轿顶上的运行操纵。因此,这种开关应是双刀双投的转换开关。

二、检修运行的操纵方法及注意事项

(一)检修运行的操纵方法

当电梯发生故障停运时或需作定期维修保养时,需令电梯处于检修运行状态。然后进行检修运行操纵,其方法如下。

(1)轿内操纵。有司机操纵的电梯(包括按钮信号控制电梯和集选控制电梯)可以在轿厢内操纵检修运行。这时只要用专用钥匙将轿内操纵箱上的"检修—自动—司机"转换钥匙开关(参见图4-1和图4-2)由"司机"位置转换至"检修"位置,电梯即可进入慢速检修运行状态。需电梯慢速向上或向下运行时,司机只要持续揿压轿内操纵箱上的方向开车按钮(SB17或SB18),即可令电梯慢速向上(或向下),当手离开按钮时,电梯即停止运行。

当要撤销检修运行时,只要将插入的钥匙从"检修"位置转换至"司机"位置即可。

(2)在轿顶操纵时,首先,要用专用的开启层门的三角钥匙将电梯所停层的上方一层层门打开,检修人员进入轿厢顶,立即揿下轿顶检修操纵箱上的红色停车按钮(或开关),使电梯绝对不能开动。其次,再将"正常—检修"运行的有防护圈的转换开关拨向"检修"位置,拨出红色停车按钮(或开关),并把轿内—轿顶检修操纵开关(若有的话)拨向轿顶操纵位置,然后持续揿压有运行方向标记的方向按钮(向上或向下),即可使电梯慢速上行或下行。当手离开按钮后,电梯即可停止于井道内的任何位置,以方便于检修人员进行维修工作。

(3)当需要检修电梯的自动门机或层门、轿门时,也首先要使电梯处于检修状态,然后在轿厢内持续揿压操纵箱上的开门按钮(SB82)或关门按钮(SB83),即可令电梯门开启或关闭。待手离开开关门按钮后,电梯门立即停止运行,并保持于所需的检修位置。

(二)检修操纵运行的注意事项

(1)进行电梯检修操纵运行时,必须要有两名以上人员参加,绝不允许单独一人操纵。

(2)电梯的检修运行速度绝不允许大于0.63 m/s。

(3)电梯的检修运行仍应在各项安全保护(电气的、机械的)起作用的情况下进行。值得提出的是,电梯的内门(轿门)、外门(层门)全部关闭的情况下才可进行检修慢速运行。绝不允许在机房控制屏端子上短接门锁接点情况下(即开着电梯门)运行。只有在十分必要时,在有专人监护下方可开着门(即短接门锁接点)运行一段很短的距离,一俟电梯停止运行,立即拆除门锁短接线,不然会造成难以想象的恶果。

第五章 电梯的维护

第一节 维护人员基本要求

电梯安装完毕后,经过调试,并经电梯主管部门验收合格后,方可正式投入运行。

为保证电梯正常运行,降低故障率,应坚持以电梯经常性的维修保养为主,及早发现事故的隐患,将事故消灭在萌芽状态之中。经常性维修保养应突出重点而不是普遍地进行,如机房内的曳引机、控制柜、井道内的层门锁闭装置、开关门机构及轿厢门,这些重点装置的维修周期越短,则发生故障的机会越少。因此,有条件的使用单位均应建立自己的专业维修电梯组织机构,坚持贯彻经常性维修制度,可收到较好效果。对没有条件的单位,必须委托有关单位建立长期的维修业务。另外要保证电梯正常运行,除了经常性维修外,还与机房环境条件有密切的关系,如机房环境温度能保持在 5~40 ℃ 之间,且通风良好,无油、污气体排入,基本无灰尘、无潮气,电源电压波动较小等,在这样良好条件下,电梯可能发生故障的机会就少得多了。因此,对没有良好的机房环境条件的使用单位,应千方百计创造条件,加强日常维修,缩短维修周期,也能收到较好的效果。

一、保养与修理的安全知识

(一)一般安全知识

(1)禁止在工作时搞恶作剧、开玩笑和打闹。

(2)必须在机房或适当地方张贴紧急事故的急救站地址、医院、救护车队、消防队和公安部门的电话号码。

(3)在维护保养时,必须戴好安全帽。

(4)当工作场地离地高度超过 1.2 m,有坠落危险时,必须系好安全带,并扣绑好。

(5)当在转动的机械部件附近工作时,禁止戴手套。

(6)当在电路上进行工作时,必须穿着绝缘胶鞋或站立在干燥木板上。

(7)当测试电路上的任何电压值时,应先把电压表调整在表上最高一档数值。

(8)使用的跨接线必须便于位移,规定用鲜明颜色和足够长度的线。当装置恢复工作时,必须把跨接线拆除。

(9)在有电容器的线路上工作之前,必须用一根绝缘的跨接线将电容器的电能释放掉。

(10)注意避免金属物与控制板的通电部分、运转机器的部件或连接件相接触,提防触电。

(11)当在通电电路或仪器旁工作时,禁止使用钢尺、钢制比例尺、金属卷尺等金属物件。

（12）当在黑暗场所进行电路工作时，应用有绝缘外壳的手电筒。

（13）禁止使用汽油喷灯。

（14）当钻、凿、磨、切割、浇注马氏合金和焊接时，或用化学品或溶剂时，都必须戴好护目镜。

（15）禁止在井道内吸烟和使用明火。

（二）维修与保养须知

（1）维修保养人员到达维修场所后，应通知电梯主管部门，并在电梯上和电梯入口处挂贴必要的"电梯检修"警告牌。

（2）当对电梯进行任何调整或工作时，保证外人离开电梯，保证轿厢内无人，并关闭轿厢门。

（3）当在转动的任何部件上进行清洁、注油或加润滑脂工作时，必须令电梯停驶并锁闭。

（4）如果一个人攀登轿厢顶部，应在电梯操作处设法挂贴"人在轿厢顶部工作"或"正在检查工作"标牌。

（5）当在轿厢顶部工作并使轿厢移动时，要牢牢握住轿厢结构上的绳头板或轿厢结构上的其他部件，不可握住曳引钢丝绳。在2∶1钢丝绳悬挂的电梯上，握住钢丝绳会造成严重的伤害事故。

（6）按照一般原则，应从顶层端进入轿厢顶部。

（7）只有当轿厢停驶时，才可检查钢丝绳。

（8）严禁在对重运行范围内进行维护检修工作（不论在底坑或轿顶有无防护栅栏），当必须在该处工作时，应有专人负责看管轿厢停止运行开关。

（9）维修完毕后，做好记录，并向电梯主管部门汇报维修情况。如果电梯恢复行驶，应把全部的"维修、暂修"标牌和锁拆除。

二、对维护人员的基本要求

（一）对维修一般常用电梯（$V \leqslant 1$ m/s）人员的基本要求

（1）应掌握电工、钳工的基本操作技能以及各种照明装置的安装和维修知识。

（2）应掌握交、直流电动机的运行原理，并会正确地排除使用运行中的故障。

（3）了解变压器的结构并懂得其运行原理，并掌握三相变压器的连结方法和运行中的维护。

（4）掌握接地装置的安装、质量检验和维修。

（5）了解常用低压电器的结构、原理，并会排除低压电器的常见故障。

（6）掌握电气控制线路和电力拖动的各种基本环节，并善于分析、排除故障。

（二）对维修一般中高级电梯（$V \geqslant 1.6$ m/s的交流调速电梯、直流电梯、电脑控制电梯）人员的基本要求

（1）具有上述6点基本要求。

（2）掌握晶闸管的原理和简易测试方法、晶闸管主回路及其触发电路的原理、晶闸管整流的调试和维修。

(3)懂得逻辑代数的运算法则以及基本逻辑元件的作用和原理。

(4)懂得晶体管脉冲电路和数字集成电路的原理与应用。

(5)懂得微型计算机的基本原理及其应用。

三、注意事项

维护人员对每台电梯应设立维修档案卡,内容有检查地点、时间。如果对某些机械零部件或电气元器件进行调整,则要记录调整原因和情况。

当电梯发生故障而修理时,还要记录发生故障时的负载情况、轿厢位置、发生故障的经过时间、因故障而造成的停止运行时间、有无人员受伤害、故障原因、修理情况等。

第二节　电梯的维护

一、概述

电梯是以人或货物为服务对象的起重运输机械设备,要求做到服务良好并且避免发生事故。必须对电梯进行经常、定期的维护,维护的质量直接关系到电梯运行使用的品质和人身的安全,维护要由专门的电梯维护人员进行。维护人员不仅要有较高的知识素养,而且能够掌握电气、机械等基本知识和操作技能,对工作要有强烈的责任心,这样才能够使得电梯安全、可靠、舒适地为乘客服务。

下面就电梯维护的各个环节加以阐述。

二、电梯维护的一般要求

电梯的司机或维护人员除每日工作前对电梯作准备性的试车外,还应每日对机房内的机械和电气装备作巡视性的检查,并应对电梯做定期维护工作,根据不同的检查日期、范围和内容,一般可分为每周检查、季度检查和年检查三种。

(一)每周检查

电梯维护人员应每星期一次对电梯的主要机构和设备检查其动作的可靠性和工作的准确性,并进行必要的修正和润滑,其内容包括:

(1)检查轿厢按钮和停车按钮的动作。

(2)轿厢照明、信号(指示器、方向箭头、蜂铃)检查,在必要时调换灯泡。

(3)检查平层机构查平层准确度。

(4)检查轿厢门的开关动作,检查自动门的重开线路(按钮、安全触板、光电管等)。

(5)检查厅门门锁是否灵活,接点之间是否正常,必要时进行调节更换。

(6)检查门导轨中有无污物。

(7)检查制动闸的情况,制动盘与制动瓦之间的间隙是否正常及有否磨损,必要时调整或更换制动瓦。

(8)检查曳引机和电动机的油位是否在油位线上,必要时添加润滑油。

(9)检查接触器触头、衔铁接触情况是否良好,是否有污垢。

（10）检查驱动电动机有无异常噪声和过热现象。

（11）检查导向轮、选层器的润滑、运行情况。

（12）检查开门机磁笼是否灵活，电磁力是否足够。

（二）季度检查

电梯每次在使用3个月之后，维护人员应对其一般重要机械和电气装备进行比较细致的检查、调整和修理。

1.机房

（1）蜗轮蜗杆减速箱及电动机轴承端润滑是否正常。

（2）制动器动作是否正常，制动瓦与制动盘之间的间隙是否正常。

（3）曳引钢丝绳是否渗油过多而引起滑移。

（4）限速器钢丝绳、选层器钢带运行是否正常。

（5）继电器、接触器、选层器等工作情况是否正常，触头的清洁工作和主要部件紧固螺钉有否松动。

2.轿厢顶和井道

（1）检查门的操作，调节和清洁门驱动装置的部件，如电动机皮带轮的皮带、电动机、磁笼、速度控制开关、门悬挂滚轮、安全开关和弹簧等。

（2）清洁轿门、厅门门坎和上坎（门导轨）。

（3）检查全部门刀和门锁滚轮之间的间隙与直线度情况。

（4）调节和清洁全部厅门及其附属件，如尼龙滚轮、触杆、开关门铰链、门滑轮、橡胶停止块、门与门坎之间的间隙等。

（5）检查并清洁全部厅门门锁和开关触点，以及井道内的接线端子。

（6）检查对重装置和轿厢连接件（补偿链）。

（7）检查轿厢、对重导靴的磨损情况和安全钳与导轨之间的间隙，必要时予以调换和调整。

（8）检查每根曳引钢丝绳的张紧是否正常，并做好清洁工作（如井道传感器、永磁感应器等）。

3.轿厢内部

（1）检查轿厢操纵箱的按钮和停车按钮的工作情况。

（2）检查轿厢照明、轿厢信号指示器、方向指示箭头、蜂铃的工作情况，必要时调换灯泡。

（3）检查轿厢门的开关动作和自动门的重开线路情况（按钮、安全触板、光电管、关门力限制器等）。

（4）检查紧急照明装置。

（5）检查并调节电梯的性能，如启动、运行、减速和停止是否舒适良好。

（6）检查平层准确度。

4.层站

检查停靠层厅门旁的按钮及厅外层楼指示器的工作情况。

（三）年度检查

电梯每次在运行一年之后，应进行一次技术检验，由有经验的技术人员负责，维护人员配合，按技术检验标准，详细检查所有电梯的机械、电气、安全设备的情况和主要零部件的磨损程度，修配磨损量超过允许值的零部件并换装损坏的零部件。

(1)调换开、关门继电器的触头。

(2)调换上、下方向接触器的触头。

(3)仔细检查控制屏上所有接触器、继电器的触头，如有灼痕、拉毛等现象要予以修复或调换。

(4)调整曳引钢丝绳的张紧均匀程度。

(5)检查限速器的动作速度是否准确，安全钳是否能可靠动作。

(6)调换厅、轿门的滚轮。

(7)调换开、关门机构的易损件。

(8)仔细检查和调整安全回路中各开关、触点等工作情况。

三、电梯各部分的日常维护

（一）机房

1. 曳引机的维护

曳引机是电梯工作的原动机，其质量的优劣直接影响到电梯的使用寿命和运行性能。制造工厂在出厂前经过严格的质量检查，经试车、检验合格后方可出厂。但经运输、安装和使用后，其精度将会有所变化，也将影响电梯的运行性能，因而曳引机的日常保养是至关重要的。下面就常用的曳引机阐述其保养要点。

1）蜗轮蜗杆减速器

(1)减速器油池内须有足够量的齿轮油，油质应保持纯洁，油温不应超过 60 ℃。第一次加油试用 3 个月应清洗并重新换油一次。

加油步骤：①用一字形螺钉旋具挑起箱盖上的塑料盖，注入煤油，彻底清洗箱体内部，然后将煤油放入准备好的盛器内。②注入一定量齿轮油，直至最低与最高油位线之间。为了防止油对蜗杆的点蚀，必须在蜗杆上方和横向油槽上方将油注入，如图 5-1 所示。齿轮油可选用 S－P 型极压油 ISO 220 或 150 极压油。③用扳手起去外轴承上的盖板，注入齿轮油，直到定油孔处流出油来，放紧旋塞，如图 5-2 所示。④用制动器操作杆将制动器打开，再转动飞轮数十次，使油渗入蜗杆轴承和主轴轴承，再压上塑料盖及盖板。

(2)蜗轮减速器的轴架上的滚动轴承应用钙基润滑脂。

(3)检查曳引机底座的紧固螺栓有否松动现象，如松动应及时紧固。

(4)当减速器在正常运转下，测量轴承温度，如轴承产生高热温度超过 80 ℃，检查轴承有无磨损。应考虑该轴承的调换。

(5)在检查减速器蜗轮和蜗杆的啮合及轴承的情况时，如必须将减速器拆开时，应先将轿厢安置在井道顶部并必须用钢丝绳吊住，再将对重在底坑内撑住，摘去曳引轮上的曳引钢丝绳，然后排去减速器内润滑油，用煤油洗净。

(6)当减速器使用年久后，齿的磨损逐渐增大，当齿间侧隙超过 1 mm 以上，并在工作

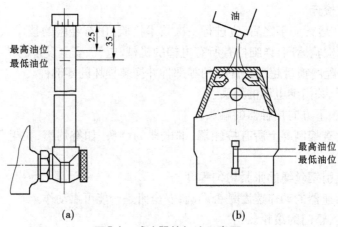

图 5-1 减速器的加油示意图

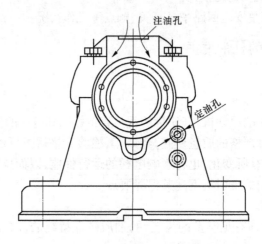

图 5-2 减速器轴承注油示意图

中产生猛烈的撞击时,应考虑调换蜗轮与蜗杆。

(7)曳引机停用一段时间后,如重新运行时,要注意蜗杆轴承处及主轴的轴承内是否有齿轮油,并在启动时先加入少量油后再检查是否少油。

(8)蜗轮轴要注意防锈,尤其是轴肩 R 处绝对不能生锈,以防该处内应力集中而损坏蜗轮轴。

(9)要检查电动机轴线是否与蜗杆轴线在一条水平直线上。

2)制动器

(1)检查闸瓦应当紧密地贴合于制动轮的工作表面上,当松闸时,闸瓦应同时离开制动轮的工作表面,不得有局部摩擦,这时在制动轮与闸瓦之间形成的间隙不得大于 0.5 mm。

(2)当周围环境温度为 40 ℃时,在额定电压及通电持续率为 40% 时,温升不超过 60 K。

(3)制动器的销轴必须能自由转动并经常用薄油润滑,电磁铁在工作时,磁铁应能自由滑动,无卡住现象。

(4)制动器电磁线圈的接头应无松动现象,线圈外部防短路的绝缘要良好。

(5)闸瓦的衬垫如有油腻等,要拆下清洗,以防打滑。

(6)当闸瓦的衬垫磨损后与制动轮的间隙增大,会使得制动不正常。如产生异常的撞击声时,应调节可动铁芯与闸瓦臂连接的螺母,来补偿磨损掉的厚度,使间隙恢复。

(7)当闸瓦的衬垫磨损值超过衬垫厚度的2/3时,应及时更换。

(8)制动器弹簧每隔一段时间要调整其弹簧力,使电梯在满载下降时能提供足够的制动力使轿厢迅速停住,而在满载上升时制动又不能太猛,要平滑地从平层速度过渡到准确停层于欲停楼面上。

3)离心开关装置(专用于三速电动机)

(1)装置的绝缘电阻不小于10 MΩ。

(2)当周围环境温度为40 ℃,装置通以额定电流时其触点温升,滑环与炭刷的温度不超过55 ℃。

(3)其灵敏度为额定转速的5%。

4)曳引电动机

(1)在油温不高于65 ℃时,滑动轴承温度不超过80 ℃。运转时,如发现温度过高或声音不正常,或有外物侵入,导致滑动环转动不灵活,必须立即进行检查。

(2)必须经常检查油环运转情况,要求灵活运转,经常注意油面高度,并3～6个月换油一次。

加油步骤:①用轻质汽油彻底清洗电动机油环轴承。②干燥后,通过注油器的侧孔缓慢地注入润滑油,使油位达到插油杯中部,如图5-3所示(润滑油:220L－VC型电动机 HT－50用50号机油,AM、DM型电动机用40号抗磨液压油或 Teresso 77 Eoss)。

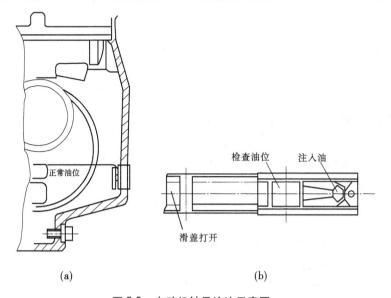

(a)   (b)

图5-3 电动机轴承注油示意图

(3)用500 V兆欧表检查各绕组间和绕组对电动机外壳的绝缘电阻。冷态绝缘电阻值应不低于 20 MΩ，否则必须进行烘干处理。

（4）检查热敏开关受热面同铁芯接触是否良好，接地装置是否可靠。

（5）对于三相三速异步电动机，由于其慢速绕组装有热接点，当慢速绕组连续通电 3 min 后，热接点动作自动切断电源，这时须稍等片刻，待热接点冷却复位后继续使用。

5）曳引轮

（1）检查曳引轮槽的工作表面是否平滑，检查钢丝绳卧入曳引轮槽内的深度是否一致，以衡量每根钢丝绳的受力是否均匀，把直尺沿轴向紧贴曳引轮外圆面，然后测量槽内钢丝绳顶点至直尺距离。当其差距达到 1.5 mm 时，应就地重新车削或调换轮缘，如图 5-4 所示。

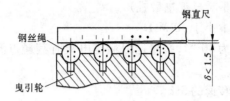

图 5-4　曳引轮绳槽磨损的控制

（2）检查曳引轮槽内钢丝绳是否落底并产生打滑现象，当绳槽共同磨损至钢丝与槽底的间隙减缩至 1 mm 时，轮槽需重新车削。绳槽在切口下面的轮缘厚度，当钢丝绳直径为 13 mm 时最低应不小于 12.5 mm，而当钢丝绳直径为 16 mm 时最低应不少于 15.5 mm。

2. 发电机组电动机的保养

对于采用直流电源供电的电梯来说，由于增加了直流发电机等设备，使得保养的工作量相应增加，这就要求维护人员应更仔细周到地做好维护工作。

关于电动机的维护，我们已作了一般的介绍，下面介绍直流发电机的维护方法：

（1）经常检查发电机运行时电刷下火花的大小，按规定火花等级不得大于 $1\frac{1}{2}$ 级（鉴别：当发电机火花等级大于 $1\frac{1}{2}$ 级时，电刷边缘全部或大部分有较强烈的火花，换向器上的黑痕不能用汽油擦除，同时电刷上有灼痕）。

（2）经过一段时期运行后，应检查换向器上黑痕的情况，如黑痕出现，应及时用汽油擦除（注意：用汽油擦除黑痕，只能在发电机停止运转时操作，否则将会由于电刷和换向器所产生的火花而引起火灾事故）。

（3）当电刷上有灼痕，应更换同一型号的电刷（注：这一方法同样适用于直流电动机）。

（4）电刷位置因制造厂家在出厂前就已经调试好，所以使用单位不可任意变动。

3. 机房进线配电盘的保养

（1）经常用"皮老虎"吹除配电盘上的灰尘。

（2）铁壳开关的合上或分离，必须先检查铁壳上的机械连锁装置是否损坏，以防止在铁壳打开的情况下操作手柄，造成人身伤害事故。

（3）闸刀开关的刀片经常使用后会出现灼痕，灼痕严重时会影响接触效果，此时，应调换闸刀开关。

（4）如采用自动空气开关。当电路产生短路时，电磁脱扣器自动脱扣，进行短路保护，这时不可重复合上绿色按钮（"合"钮），应待故障排除后再合上"合"钮。

（5）应经常监视装有电压、电流表的配电盘的电压、电流值，其值不应大于额定值，否则应切断电源，查清原因。

4. 控制屏的保养

控制屏是电梯的中心环节，其中如发生任何一些小的故障，都将影响电梯的正常运行。

在控制屏中装有全部启动和控制的继电—接触器元件，以及电阻、电容、热继电器、变压器、硒整流器等。在直流电梯中，除了上述元件之外，控制屏上还装有电压表和电流表等，在计算机控制的电梯中，还大量应用了集成电路及数字、发光二极管装置等。

其保养内容有：

（1）当检验控制屏工作的正确性时，应在曳引机断电情况下进行，而在维修电磁开关（接触器和继电器）时应将电源开关断开。

（2）控制屏上的全部电磁开关应动作灵活可靠，无显著的噪声。连接线接点和接线柱应无松动现象，动触头连接线接头处铜丝应无断裂现象。

（3）检查熔断器的工作情况，螺旋式熔断器的熔断管的小红点如脱落，表示熔丝已熔断，应调换熔断管。

（4）当曳引电动机处于较长时间的过载情况下，热继电器动作，并切断曳引电动机电源，这时热继电器需手动复位。

（5）控制屏上有下列不同性质的电压和电流：直流 110 V 控制电路、交流 220 V 控制电路和三相交流 380 V 的主电路等，因此在保养或维修时，必须注意分清电路，防止发生短路或损毁电器事故。

（6）用软刷或吹风清除屏板插件和全部电磁开关零件上的积灰，检查电磁开关触头的状态、接触的情况、线圈外表的绝缘，以及机械连锁动作的可靠性。

（7）接触器和继电器触头烧蚀的地方应用细砂布除去，并擦净，核实和调整触头，使之有一定的间隙、良好的接触、恰当的压力和适当的动作余量。

（8）电磁式时间继电器的延时可以用改变非磁性垫片的厚度和调节弹簧的拉力来实现。

（9）为了不使三相桥式硒整流器整流堆过负荷和短路，应采用正确容量的熔丝。

（10）硒整流器在电梯使用时，允许按使用地点的电源电压调整变压器次级电压，使电梯在工作状态下其直流输出电压为 110 V（或 80 V）。

（11）整流堆工作一定时期后会产生老化现象，输出功率略有降低，此时可以提高变压器次级电压而得到补偿。

（12）整流堆储存不用亦将产生老化现象，使本身功率损耗增大，因此整流堆存放期超过 3 个月以上时，应先进行"成型"，才可投入正常使用。

"成型"步骤：先加 50% 额定交流电压 15 min，再加 75% 额定交流电压 15 min，最后加至100%额定交流电压。

（13）硒整流器需保持干燥,并经常检查其电压表指针是否在额定值范围内。如果硒片出现打火或击穿现象,应立即切断电源,并调换硒片或更换整流堆。

5. 限速器的保养(上轮)

限速器是一种保证电梯安全行驶,并使电梯不超过额定速度的安全装置,经常需保养的部分有:

（1）限速器上、下部装置的旋转部分至少每周加油一次,每年清洗换油一次。

（2）限速器钢丝绳不允许上油,以防止打滑。

（3）装有安全开关的限速器要定期检查其触点的可靠性。

6. 曳引钢丝绳

（1）电梯安装使用后,由于钢丝绳受到拉伸载荷,每根钢丝绳的长度会不同程度地伸长,造成每根钢丝绳受力不均,必要时应根据实际情况,调整钢丝绳锥套螺栓上的螺母来调节弹簧的张紧度,使每根钢丝绳平均受力。

（2）钢丝绳应有适度的润滑,可以降低绳之间的摩擦损耗,同时也保护其表面不致锈蚀。钢丝绳内原有油浸麻芯一根,使用时油逐渐外渗,不须再在表面涂油。如使用日久,则油渐告枯竭,就须定时上油,宜涂有薄而均匀的ET极压稀释型钢丝绳脂,使钢丝绳表面有能渗透的轻微润滑(手摸有油感即可)。渗油过多时应及时抹去,防止造成打滑情况。

（3）检查钢丝绳有无机械损伤,有无断丝爆股情况,并检查其锈蚀和磨损的程度,以及锥套接点处是否完好和有无松动现象。

（4）当电梯运转一定时期后钢丝绳出现断丝时,必须每周更仔细地检查和注意钢丝的磨损量和断丝数。

（5）当钢丝绳磨损或腐蚀达到原来直径的30%以上或断丝数在一个捻距中超过其全部单丝数10%时钢丝绳应报废。当钢丝绳上出现断股时,应立即报废,调换新钢丝绳。

（二）井道

1. 导向轮的保养

导向轮、轿顶轮和对重轮的润滑装置应保持完整良好,并应注满钙基润滑脂,每周挤加一次,每年清洗换新一次。如润滑失效,滑轮心轮被"咬死",将引起严重事故和损坏。

2. 导轨和导靴的保养

（1）轿厢和对重导轨应每周涂润滑剂一次(采用滚轮导靴的则不宜涂油类物质)(有导轨自动加油器者除外)。涂抹润滑剂时,应先铲除导轨表面积污。润滑剂可用浓厚的汽缸油或钙基润滑脂。

导轨的润滑应自上而下,维修工站在轿顶上,并在从顶层向底层慢速运行的情况下进行。底层导轨的涂油工作应在底坑内进行(这时电梯应停驶)。

（2）导轨如曾因断油、停驶而致表面锈蚀,或曾因安全钳动作而造成导轨表面损伤,先修平后再使用。

（3）年度检查时,维修保养人员应在轿顶上操作,轿厢以慢速从上至下运动时,对导轨及其导轨连接、压紧件进行检查。首先必须按顺序拧紧全部压板、接头和撑架的螺栓连接,然后再从上至下用特制样板核实导轨的间距。

（4）检查滑动导靴在导轨上滑动所产生摩擦对其衬垫所引起的磨损情况，如磨损过甚、间隙过大，轿厢在运动时产生晃动现象，应及时调换。

（5）检查导靴时应注意导轨与安全钳之间必须保持适当的间距，以免导轨磨损后，安全钳误动作。

3. 对重的保养

当对重运行到轿厢上部相对的位置上时，在轿厢上检查对重的导靴和注油器，当2:1绕法时还要检查对重绳轮的注油润滑情况。

4. 限位开关和极限开关的保养

（1）限位开关和极限开关的动作应灵活可靠，在低速运行轿厢的同时，当轿厢到达上端站或下端站时，应能不借助操纵装置的作用，自动将轿厢停止（用手触动该开关，检查轿厢是否停止）。电梯停止后应不能再向原方向启动，只能向相反的方向开动。

（2）检查极限开关的作用是否灵活可靠，当电梯因限位开关失效或其他原因不能在上端或下端及时停止，并且断续行驶，在超越楼面所规定的距离内（50～200 mm 处），极限开关应起作用并需手动复位。

（3）检查限位开关和极限开关时，应先拭去尘垢，将盖子开启，核实触头接触的可靠性及弹性触头的压缩裕度，将触头表面的积垢和烧灼部分用细砂布擦清，转动和摩擦部分可用钙基润滑脂润滑。

5. 控制电缆和井道内配线的保养

检查井道电缆是否有表面损伤和绝缘不良等，如有上述情况，应及时调换损坏的电缆。检查井道内配线是否损坏和绝缘不良等情况，并用软刷扫除接线端子等处的尘垢。

（三）层站

1. 层楼指示器的保养

经常检查每层层楼指示器所指示的楼层是否正确，如有灯泡损坏应及时调换。采用走灯盘的电梯，如楼层指示发生混乱，应及时校正走灯盘旋转位置（走灯盘与蜗轮轴通过适当的传动比联动）。

2. 开、关门装置的保养

（1）层门和轿门应平整正直，启闭应轻便灵活，无跳动、摇摆和噪声。门滑轮的滚珠轴承和其他摩擦部分应定时加薄油润滑。

（2）层门门锁应灵活可靠，并定时做好润滑工作。当层门关闭锁上时应不能从外面开启。

（3）检查门锁时先清除尘垢，当门关闭时核实活动的锁销在锁壳中啮合的可靠性。检查门触头在锁销的作用下接触的可靠性和裕度，检查触头和导线的连接情况，清除触头的积垢和烧蚀。应绝对消除门锁在和锁销脱离的情况下触头保持接通的可能性。门锁的转动和摩擦部分应予适当的润滑。

（4）应检查门锁电气触头在门打开时的绝缘情况。

3. 层站按钮

检查按钮的接触和动作情况，如有损坏应及时修复或调换。

（四）轿厢

1. 轿厢内部的维护

（1）轿内开关应灵活可靠。

（2）检查轿内操纵箱按钮的接触情况。检查钥匙开关、电话和蜂鸣器、照明及电扇的开关接触是否良好，如有故障应及时修理。

（3）检查轿内层楼指示器的接触情况，如有与楼层指示不符应找出原因，排除故障。

（4）检查轿厢本身在运行中是否有摆动、振动或由机房传来的噪声。一般来说，导靴的磨损、导轨接头连接不良或导轨歪扭都将引起轿厢的摆动或振动。

（5）检查平层精度是否在规定值范围内，如超出规定值，则应调整平层感应器的上下位置或隔磁板的相对位置。

（6）检查轿厢在启动、减速、停止时的乘坐舒适感，若有明显的变速现象，可调整电抗器的抽头或改变板形电阻的阻值，来达到速度转换时能较平滑的目的。

2. 轿厢外部的检查

1）DT 系列自动门机

（1）轿门前沿附装的活动安全触板要防止撞击，动作要求灵活，并且反应迅速。

（2）装有光电保护器的自动门应有较高的灵敏度，并能使正在关闭的轿厢门立即停止关门并迅速开启，其发射头和接头应始终保持在同一条轴线上。

（3）开关门减速行程开关要动作可靠，减速作用明显，无显著撞击和跳动现象，由于其动作相当频繁，因而损坏率较高，所以一旦有损坏现象应立即调换。

（4）自动门机的一切转动摩擦部分应定期润滑。

（5）使用过程中如传动皮带出现伸长现象，引起张力降低而打滑，可以调节传动皮带轮的偏心轴，使皮速张紧。

（6）自动门机的电连锁装置必须完好，动作无误。

（7）修理时必须注意当门在开或关时，曲柄轮相应转动的角度应等于180°，如图5-5所示。

2）QKS9 系列自动门机

（1）定期清除轿门上坎内的脏物，并涂擦一层薄的机油，以减少其门滑轮在运动时的摩擦阻力。

（2）经常检查轿门与开门机的连接运动部位是否松动，并在其运动部位加油润滑。

（3）检查开门机、安全触板、关门力限制器上的触点是否能正常且灵活动作，如有损坏，应及时更换新的同型号的微动开关。

（4）经常检查磁罐制动器的工作情况，校核电压（直流 80 V）。在磁罐制动器释放的时候，校核尼龙圆盘和圆形板之间的间隙（0.2～0.5 mm），如图5-6（a）所示。在磁罐制动器完全吸合时，校核磁罐制动器外壳和圆形板之间的间隙（最大不应超过 0.3 mm），如图5-6（b）所示。

3）安全钳

（1）安全钳的传动杠杆应予以润滑，钳口斜块或滚柱可用钙基润滑脂防锈。

（2）检查安全钳连锁触头的功能：杠杆上拉时，连锁开关动作并切断电梯控制电路。

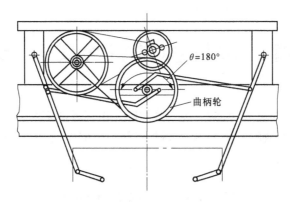

图 5-5 曲柄轮的转动角度

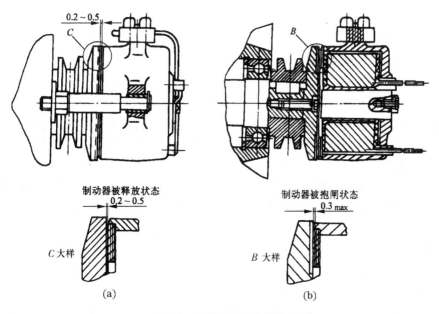

图 5-6 磁罐制动器的吸合间隙

（3）当安全钳作用后,应重新检查和调整间隙(斜块与导轨的间隙每边为 2.5~3 mm)。

（五）地坑

1.限速器胀绳轮

（1）限速器的张紧装置应工作正常,绳轮和导向装置的润滑应保持良好,每周加油一次,每年清洗一次。

（2）张紧装置的搭板与断绳开关的接触要良好,必要时可调节其断绳开关附件和绳轮部件。

2.缓冲器

液压缓冲器柱塞不能生锈,应定期加油(液压油必须采用 50 号机械油)。使用日久后,如发生油量减少现象,应及时补充。

加油步骤:用旋具把柱塞封闭盖的盖帽去除,打开油位指示器,排出空气,加入油(加油至量杆的上标记)后马上拧紧盖帽。

第六章　电梯的常见故障及其排除

电梯使用一段时期以后,常会出现一些故障。出现的故障并不一定就是机器零件的磨损或老化所引起的,故障的原因多种多样,维护人员应根据电梯出现的故障判别属于哪种类别,然后着手解决。

第一节　故障的分类

一、电梯故障的类别

(一)设计、制造、安装故障

一般来说,新产品的设计、制造和安装都有一个逐步完善的过程。当电梯发生故障以后,维护人员应找出故障所在的部位,然后分析故障产生的原因。如果是由于设计、制造、安装等方面所引起的故障,此时不能妄动,必须与制造厂家或安装维修部门取得联系,由其技术和安装维修人员与使用单位的维护人员共同解决问题。

(二)操作故障

操作故障一般是由于使用者玩弄安全装置和开关引起的。这种不遵守操作规程的行为必然造成电梯发生故障,甚至危及乘客生命。如短接门的安全触点,在门开启的情况下运行等。

(三)零部件损坏故障

这一类故障现象是电梯运行中最常见的也是最多的,如机械部分传动装置的相互摩擦,电气部分的接触器、继电器触头烧灼,电阻过热烧坏等。

我们必须尽量避免由于电梯事故而引起的对人的伤害,除此之外,还必须避免由此而引起停止运行及降低输送能力等。因此,严格遵守电梯安全操作规程,平时仔细地做好检查工作,是保证电梯安全、高效率行驶的重要措施。

二、电梯常见故障及其排除

(一)电梯机械部分常见故障及排除方法
电梯机械部分常见故障及排除方法见表6-1。
(二)电梯电气部分常见故障
(1)交流双速客梯(KJX 型)常见故障(见表6-2)。
(2)直流快速和直流高速客梯常见故障。
直流快速客梯(ZJX 型)控制部分常见故障见表6-3。
励磁装置常见故障见表6-4。

表 6-1　电梯机械部分常见故障及排除方法

故障现象	可能原因	排除方法
（1）电梯层门、轿门不能开和关	①电梯自动门机传动故障。自动门机从动轮支撑杆弯曲，造成主动轮与从动轮的传动中心偏移，引起传动皮带脱落，使厅门、轿门不能开和关。 ②层门、轿门的门挂脚损坏。由于使用不当，层门、轿门的挂板被撞断，造成层门、轿门下坠拖地，使厅门、轿门不能开和关	①校正从动轮支撑杆，使弯曲部分恢复到原来位置。 ②更换被撞坏的门挂脚，并调整门滑块的间隙，使层门、轿门能灵活地开和关
（2）某层楼面的层门门锁锁不上，电梯无法正常运行	门锁故障。由于门锁使用过久或保养不当，造成门锁锁臂固定螺栓严重磨损，引起锁臂脱落或锁臂偏离定位点，使该层楼层门门锁锁不上	修复损坏的门锁零件，若门锁损坏严重，无法修复的，则应更换门锁
（3）层门或轿门在开、关过程中经常滑出地坎槽	门滑块损坏，由于层门或轿门的门滑块磨损严重，使门滑块失去对层门、轿门的定位作用	更换门滑块
（4）电梯在运行过程中，未到达停层位置即提前停车	由于层门门锁上两橡皮轮的位置偏移，轿门上的开门刀片不能顺利地插进门锁两橡皮轮之间，而是撞在橡皮轮上，造成门锁上限位开关断开，使电气控制系统动作，电梯被迫提前停车	调整两橡皮轮的位置，使电梯运行时，轿门上的开门刀片能顺利地插进厅门门锁两橡皮轮间，若橡皮轮和偏心轴已损坏，则应重新装配并校准之
（5）电梯在启动停车过程中，曳引机产生轴向窜动	蜗轮减速器蜗杆轴上的止推动球轴承严重磨损，从而影响电梯舒适感	更换严重磨损的轴承，并调节轴向间隙（应控制在 0.10～0.15 mm 之间）
（6）电梯运行过程中，曳引机蜗轮减速器发热冒烟，严重时停止运转	减速器内的润滑油含有大量的杂质或严重缺油，使减速器运转部位缺油发热，甚至出现"咬轴"现象	发现"咬轴"现象，应立即切断电动机电源，停止电梯运行，以防损坏曳引机组。然后应吊起轿厢，拆开蜗轮减速器、制动器等传动机构，修刮铜套和修整蜗杆轴，若铜套磨损严重，则应更换铜套，安装校正之后，清洗蜗轮减速器油箱，并加入规定标号的润滑油
（7）电梯进入平层区后不能准确平层	由于制动器使用过久或保养不当，闸瓦带严重磨损，造成制动力减弱，尤其在轿厢满载时，打滑现象更严重	更换新闸瓦带，并按规定调节闸瓦与制动轮接触面的间隙
（8）电梯运行过程中轿厢晃动过大	①轿厢导靴磨损，导轨与导靴之间的配合间隙不当。 ②主导轨偏移	①更换导靴靴衬，并按规定调整导靴与导轨之间的间隙。 ②校正主导轨

故障现象	可能原因	排除方法
(9)安全钳经常误动作,电梯突然停车	①限速器调整不当。 ②安全钳楔块与导轨之间的间隙调整不当。 ③限速器运转部分严重缺油,引起"咬轴"现象	①调整限速器离心弹簧的张紧度,使之运转到规定速度动作。 ②按技术要求调整安全钳楔块与导轨侧面之间的间隙为 2.5~3.0 mm。 ③对限速器运转部分加油,保证其转动灵活,并定期进行保养
(10)电梯运行过程中,对重轮噪声严重	对重轮轴承严重缺油,引起轴承磨损,运行产生噪声,严重时,出现"咬轴"现象	设法固定轿厢和对重,使曳引钢丝绳放松,拆除对重轮,更换轴承,并加注润滑油,对"咬"坏的轴,应进行机加工处理,修复后再使用
(11)电梯向上运行正常,向下运行不正常,出现时慢、时快,甚至停车现象	轿厢顶部的安全窗关闭不严,使安全窗限位开关接触不良。当电梯向上运行时,由于井道内空气压力的作用,使安全窗限位开关接通,电梯能够运行。而当电梯向下运行时,空气压力使安全窗关闭不严,安全窗限位开关接触不良。因此,造成电梯时慢、时快,甚至停车	关严安全窗,保证安全窗限位开关正常接通

表 6-2　交流双速客梯(KJX 型)常见故障

故障现象	可能原因	备注
(1)不能选择要去的楼层	①电梯处于检修状态。 ②检修继电器 MJ 常闭点(15、16)接触不良。 ③选层按钮接触不良。 ④不能自动定向	KJX—A 单台客梯是 MJ 常闭点(9、10)
(2)不能自动定向	①上方向继电器 SKJ 或下方向继电器 XKJ 回路串接的常闭点接触不良。 ②当轿厢不在该层时,某楼层的楼层控制继电器(1—n)ZJ1 吸合。 ③层楼控制继电器(1—n)ZJ1 中有的常闭点(13、14、15、16)接触不良。 ④某层外呼梯信号不能自动确定运行方向,是该层呼梯继电器定向常开触点(A 台:5.10,B 台:6.12)串接的二极管断路。 ⑤外呼梯信号都不能定向,87# 与 08# 线之间开路。 ⑥内选信号都不能定向,3BZ 断路	轿厢不在层的层楼指示灯亮,说明该层感应器常闭点未断开,或楼层继电器 1—(m—1)ZJ1 保持吸合。单台客梯外呼梯继电器定向常开触点是(1.7)

故障现象	可能原因	备注
(3)轿门不关闭	①关门安全触板位置不对,安全触板继电器 PAJ 一直吸合。 ②关门继电器 MGJ 串接常闭触点有时接触不良。 ③超载继电器 TGJ 吸合。 ④关门按钮 MGA 接触不良	轿门关不上,首先查看 PAJ 是否吸合
(4)轿门不开启	①开门继电器 MKJ 串接的常闭触点有时接触不良。 ②PAJ 串接的 TYJ 常闭点(7.8)接触不良。 ③开门按钮接触不良。 ④感应器 YMQ 平层时不能复位,或引线接触不良,不能自动开门	
(5)轿厢门既不能开也不能关	①电压继电器 YJ 释放。 ②保险 9RD 断路。 ③门电动机的电枢回路或励磁回路断线,碳刷接触不良。 ④门电动机皮带松动。 ⑤轿门被卡	单台梯门电机熔断器是 11RD
(6)开门或关门过程中,门电动机速度不变	①开门或关门分流开关接触不良。 ②开门或关门分流电阻(MKR、MGR)滑动片与电阻接触不良。 ③分流电路或电阻断线	此时开、关门噪声很大
(7)开门或关门速度很慢	①电阻 DMR 滑动片与电阻接触不良。 ②分流开关 1KM 或 1GM、2GM 没复位,分流电阻与电枢一直并联	开关门速度都很慢,原因在①;只开门或关门速度慢,原因在②
(8)关门夹人,不能自动开门	关门安全触板开关 1KAP、2KAP 在夹人时没被接通	
(9)定向后,揿向上按钮 SYA 或向下按钮 XYA 不关门	①启动关门继电器 1QA 串接的常闭点有时接触不良,1QJ 不吸合。 ②83# 与 84# 线之间开路。 ③SFJ(2—8)或 XFJ(2—8)不通	一个方向可关门开车原因在③
(10)选层定向关门后,不能启动运行	①层门或轿门没关好,门锁继电器 SMJ 不吸合。 ②检修继电器 MJ 常闭点(13—14)或慢车接触顺 M 常闭点(3—4)接触不良,快车接触器 K 不能吸合。 ③电源缺相	

故障现象	可能原因	备注
(11) 电梯能上行,不能下行	①下行机械缓速开关 1KW 接触不良,QJ 不能吸合。 ②下行限位开关 3KW 或上行接触器的常闭点(3—4)接触不良,下行接触器 X 不能吸合	
(12) 电梯只能下行,不能上行	①上行机械缓速开关 2KW 接触不良,QJ 不能吸合。 ②上行限位开关 4KW 或 X 的常闭点(3—4)接触不良,S 不能吸合	
(13) 电梯刚一启动就停车	①开门刀触动厅门门锁,SMJ 释放。 ②YJ 线圈串接的触点有接触不良	
(14) 运行中突然停车	①电压继电器 YJ 串接的触点有时接触不良。 ②控制电源故障。 ③电源缺相。 ④电动机热继电器脱扣。 ⑤开门刀触动厅门门锁。 ⑥接触器 S、X、K、M 串接的常闭点有的接触不良	
(15) 各层均不能换速停车	①换速准备继电器 QTJ 延迟释放电路(RC 电路)断线,电容失效,QTJ 不延迟释放,停站继电器 TJ 无法吸合。 ②楼层继电器(1—n)ZJ 常闭点(5—11)有的接触不良,QTJ 不能吸合。 ③快车接触器 K 有延迟释放现象	原因在①、②时,顶层、底层采用强迫换速开关可以换速。原因在③时,顶、底层也不换速,出现冲顶、蹲底现象
(16) 选某层,到该层不能换速停车	①该层感应器当换速铁板插入后,常闭点不能复位接通或引线断,该楼层继电器 ~ZJ 不能吸合,TJ 亦不能吸合。 ②该层感应器与相邻楼层的感应器距离小于换速铁板长度,QTJ 无法吸合。 ③外呼梯信号(上、下各层)不能换速停车,指令专用继电器 JJ 常闭点(5—11)接触不良。 ④外呼梯继电器常开点(5—10)或(3—8)串接的二极管断线、断极,该层不能截车	当存在①或②的问题时,内外选层信号都不能使电梯在该层停车
(17) 到达某层总是换速停车	①该层楼层控制继电器(~ZJ1)不吸合,外呼梯继电器不释放,外呼梯信号一直保持。 ②该层梯层控制电器(~ZJ1)信号常开触点(4—3)、(12—11)引线断或接触不良,外呼梯继电器也不能释放	KJX–A 单台客梯外呼信号消除触点是 ~ZJ1 的(7—8,11—11)

故障现象	可能原因	备注
(18)上行或下行,层层换速停车	①FKJ(5—11)没断开。 ②1ZJ(1—7)或 nZJ(1—7)没断开,这样 45#线一直有电	KJX - A 单台客梯是 95#线一直有电
(19)换速后到达平层位置不停车	①QJ 常闭点(15—16)接触不良或 60#线断。 ②遮磁板插入 YMQ 后,QMJ 没吸合。 ③上行不停车,平层时继电器 XPJ 未吸合,感应器 YPX 常闭点未接通或连线断,S 有延迟释放现象。 ④下行不停车,平层时继电器 SPJ 未吸合,感应器 YPS 常闭点未接通或连线断,有延迟释放现象	当接触器 S 或 X 有延迟释放现象,检修运行,手动松开开车按钮后,也不能立即停车
(20)换速后未到平层就停车	①上行、下行均有这种现象,一般是 QJ 常闭点(13—14)、K 常闭点(3—4)接触不良。 ②QMJ 常闭点(2—8)、K(7—8)接触不良。 ③上行出现这种现象,继电器 SPJ 未吸合或 XPJ 常闭点(S—2)接触不良,接触器 S 不能维持吸合。 ④下行出现这种现象,继电器 XPJ 未吸合或 SPJ(8—2)接触不良,接触器 X 不能维持吸合	原因在②时,换速后突然停车,上、下行都可能出现
(21)换速后,制动过程台阶感明显	①接触器 M(8—7)、2A(8—7)、3A(8—7)等触点有的接触不良。 ②2ASJ、3ASJ、4ASJ 延时调整不当	原因在①时,相应的减速接触器在 M 吸合后立即吸合
(22)换速后,速度不下来,有冲层现象	①制动接触器 2A、3A、4A 主触点有的烧蚀或接线松动。 ②制动时间继电器 2ASJ、3ASJ、4ASJ 的常闭点(2—8)有的接触不良,相应的制动接触器不能吸合。 ③2ASJ、3ASJ、4ASJ 延迟释放时间过长	制动过程延长,到达平层位置时转速还没降到额定低速
(23)电磁制动器打不开	①制动器线圈电源线开路。 ②制动器串接触点烧蚀。 ③铁芯间隙过小。 ④铁芯间隙过大。 ⑤调整螺栓未调好。 ⑥电阻 RZ1 断线	原因在②时,启动加速后,抱闸复位抱紧
(24)楼层指示信号在轿厢驶过后不消号	①该层感应器在轿厢驶过后常闭点未断开,楼层继电器(~ZJ、~ZJ1)保持吸合。 ②相邻楼层感应器在换速遮磁板插入后未复位,该层继电器(~ZJ1)也保持吸合	

故障现象	可能原因	备注
（25）轿厢在平层位置，检修运行，电源跳闸	①调配继电器 PDJ 常闭点（8—2）与 K1 点之间未接隔离二极管，检修运行，08#线带电。 ②检修时有外呼梯信号，外选继电器保持吸合，例如 S3J 吸合，常开点（5—10）串接的二极管反向击穿，检修运行 08#线带电	08#线带电，轿厢平层位置，SPJ、XPJ 吸合，接触器 S 与 X 并联，撤向上或向下按钮时 S 与 X 可能同时动作，造成短路
（26）检修运行方向与所撤按钮方向相反	同（25）	
（27）正常运行，选层后所定方向错误	①该层感应器常闭点当轿厢在该层时未接通或引线断，该层楼层继电器 ~ZJ、~ZJ1 不能吸合。 ②该层楼层继电器 ~JZ1 串接的常闭点接触不良或连线断，不能吸合	这时上方向继电器 SKJ、SKJ1 与下方向继电器 XKJ、XKJ1 并联，选层后两个方向的继电器都有吸合的可能
（28）电梯既不能快速运行也不能检修运行	①控制电源故障（RB、1RD、2RD 断，整流器故障，变压器损坏，接线断）。 ②电压继电器 YJ 串接的开关、触点有的接触不良，YJ 释放	
（29）轿内指令（选层）电路故障	①所有楼层都选不上，FKJ 常开点（6—12）接触不良，04#或01#断线。 ②个别楼层选不上：该层指令继电器触点（6—12）接触不良，电阻断线。 ③应答完毕的信号不能消除：该层楼层继电器触点（6—12）接触不良	
（30）层外召唤电路故障	没有召唤信号： ①该层召唤按钮触点接触不良，断线。 ②该层召唤继电器电路的二极管（Z—S,Z—X）断路。 ③许多层都无召唤信号，09#或01#线断。 应答完毕的信号不能消除： ①许多层不能消除；QJ（9—10）、JJ（1—7）、YJ（6—5）接触不良。 ②上呼信号不能消除：二极管 3ZT 断路，XKJ1（11—5）接触不良。 ③下呼信号不能消除：二极管 4ZT 断路，SKJ1（11—5）接触不良。 ④个别楼层召唤信号不能消除，见故障（17）	

表 6-3　直流快速客梯(ZJX 型)控制部分常见故障

故障现象	可能原因	备注
（1）轿厢在基站,不能启动原动机和开门	①选层器触层不良,W1J 不吸合。 ②CJ 线圈串接的触点有的不通。 ③接触器 Y 线圈串接的触点有的不通,04# 断电	
（2）不能定向	①XKJ（15—16）,YYX（15—16）,XFJ（5—11）有的不通。 ②SKJ（15—16）、SYJ（15—16）、SFJ（5—11）有的不通。 ③62# 与 63# 之间的定向触点有的不通。 ④MJ（11—12）不通,08# 断电。 ⑤11BZ 或 3BZ 断路	1. 原因在①时,不能定上方向。 2. 原因在②时,不能定下方向。 3. 原因在③时,有的指令信号不能定向。 4. 原因在④、⑤时,所有指令信号都不能定向
（3）不能启动运行	①厅门、轿门开关有的未接通,SAJ 释放。 ②TJ（13—14）、MKJ（13—14）、TGJ（5—11）有的不通。 ③TYJ1（11—12）不通,按 XYA、SYA 不能关门启动。 ④励磁装置故障	
（4）能下行,不能快速下行	①XFJ（2—8）不能,XFJ 不能吸合。 ②4KT 不能。 ③X（3—4）或 6KT 不通	原因在①时,按 XYA 亦不关门
（5）能上行,不能快速上行	①SFJ（2—8）不通,SFJ 不能吸合。 ②3KT 不通。 ③S（3—4）或 5KT 不通	原因在①时,按 SYA 不能关门
（6）运行中突然停车	①关门刀触动厅门,SMJ 释放。 ②Y 和 YJ 线圈串接的触点有的接触不良。 ③电梯超速或电枢过电流	
（7）不换速	①选层器动、静换速触点接触不良,断线,TKJ 不能吸合。 ②MJ1（5—11）、SPJ（5—11）或 XPJ（5—11）有的不通,KJ 不能吸合。 ③ZVJ（5—11）不通,单层运行不换速。 ④PJ（5—11）、QJ（13—14）有的不通	

故障现象	可能原因	备注
（8）层层或隔层换速停车	①ZKT 不通,上行出现这种现象。 ②1KT 不通,下行出现这种现象	
（9）到达平层位置不停车	①QJ(11—12)或 VJ1(2—8)不通。 ②选层器触点接触不良,79#~80#线不通。 ③YPS 触点没有复位或 SPT 断线。 ④YPX 触点没有复位或 XPJ 断线。 ⑤遮磁板插入 YMQ、QMJ 不吸合	原因在③时,下行超出平层约 20 cm 停车。原因在④时,上行超出平层约 20 cm 停车。
（10）换速后不到平层位置就停车	① MJ1（5—11）,TJ1（1—7）,QMJ（5—11）有的不通。 ②QJ1(2—8)不通。 ③XPJ(2—8)不通。 ④SPJ(2—8)不通	仅上行有这种现象,原因在③;仅下行有这种现象,原因在④
（11）电梯超速运行	①励磁机 FL 输出电压低。 ②励磁装置故障	
（12）电梯运行速度低	①励磁装置故障。 ②D 或 F 的电枢换向器积垢	
（13）召唤信号不能控制换速	①JJ(11—12)不通。 ②向上召唤信号不能截车,108#断电。 ③ 向下召唤信号不能截车,109#断电	
（14）不能开、关门	① 保险 5RD 断。 ② M0、M1、M2、M3 有的断线	
（15）不能关门	①MGJ 线圈串接的触点有的不通。 ②MGJ(5—6)、MGJ(7—8)接触不良。 ③安全触板 1KAP 或 2KAP 位置不对,PAJ↑。 ④JSJ(15—16)或 SDJ(5—11)不通,没有自动关门	
（16）不能开门	①MKJ 线圈串接的触点有的不通。 ②MKJ(5—6)、(7—8)接触不良。 ③ QJ1（5—11）、JJ（13—14）、JSJ2（11—12）、TYJ1(15—16)有的不通	按召唤按钮不能开门,原因在③

表 6-4　励磁装置常见故障

故障现象	环节	可能原因	备注
（1）电梯不能启动运行	给定	①交流电源熔断器断。 ②变压器 YB 绕组短路或断路,0～85 V 两端电压为0。 ③整流电容损坏。 ④滤波电容损坏	直流稳压电源输出电压为0
	积分－转换	①积分电路的电阻、电容断路。 ②整流二极管有的开路。 ③插件板与座接触不良	转换输出电压为0
	速度调节器,电流调节器	①插件板与座接触不良,放大器没有电源。 ②放大器输入端限幅二极管短路	半导体放大器输出电压为0
	速度反馈	反馈电阻6R23（1R）,6R24（2R）,6R25（3R）有虚焊或断路的	（ ）中为 G 型元件代号
（2）不能向下运行	积分－转换	下行时,积分充电回路中的元件有的断路	向上运行时,不减速;向下运行时,转换输出电压等于0
	速度调节器,电流调节器	半导体放大器输出级的两只三极管有断极的。 K 型:6BC5 断路。 G 型:速度调节器 6JG 断路。电流调节器 5JG 断路	
	触发器	下行触发抽屉的熔断器断路,电源开关没有接通	
（3）不能向上运行	积分－转换	上行时,积分充电回路中的元件有的断路	向下运行时,不减速;向上运行时,转换输出电压为0
	速度调节器,电流调节器	半导体放大器输出级的两只三极管有断极的。 K 型:6BC6 断路。 G 型:速度调节器 5JG 断路。电流调节器 6JG 断路	
	触发器	上行触发抽屉的熔断器断路,电源开关没有接通	触发器电源电压为0

故障现象	环节	可能原因	备注
(4)超速运行	给定	①稳压管 3WY1(1WG)损坏。 ②调整管击穿。 ③放大管断路。 ④"给定调节"电位器抽头接触不良	直流稳压电源输出电压高
	积分－转换	EHQ 插件电阻 3R18(1R)断路或虚焊	转换输出电压高
	速度反馈	①测速发电机反馈电压低。 ②反馈信号线 123#、124#(253#、254#)有断路的	
	速度调节器,电流调节器	放大器中有的晶体管损坏。6BG6(6JG)击穿,输出 －10V;6BG5(5JG)击穿,输出 ＋10V	调节器输出电压高
(5)运行速度低	给定	①稳压管 3WY1(1WG)损坏。 ②调整管基极断路。 ③放大管击穿	直流稳压电源输出电压低
	积分－转换	积分电容中有的漏电严重	积分或转换输出电压低
	触发器	①同步变压器 TBY6V(7V)绕组有短路或断路的。 ②触发器中的晶体管损坏,脉冲变压器、绕组断路	某相缺少触发脉冲
	可控硅整流	晶闸管熔断器有烧断的	该相氖灯亮

第二节　故障分析与排除

对于电梯维修保养人员而言,应该知道电梯维修技术,它不仅是劳务型的,更是融有机电技能型的,是具有理性修养和感性实践并重的行业。在科技发展日新月异的时期,不仅要掌握交流电梯、直流电梯、交流调速电梯,更要掌握电脑控制电梯,以及远程监控技能。

分析电梯故障时,无论何种品牌、何种驱动方式,怎样的控制系统,首先要熟悉电梯和掌握电梯的运行工艺过程(即等效梯形曲线)。这个过程如图 6-1 所示。

其运行过程的描述如下:过程 1,即登记内选指令和层外召唤信号;过程 2,即关门或自动关闭;过程 3,启动加速;过程 4、5,即电梯满速或中间分速运行;过程 6、7,即按信号登记的楼层前预置距离点减速制动;过程 8、9,即平层开门。

电梯运行工艺过程掌握与否,是分析、排除故障的必要条件,故平时经常观察和掌握

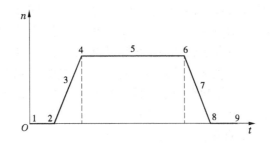

图 6-1 电梯运行工艺过程(等效梯形曲线)

不同系列电梯的运行工艺过程的特点与原理,领会其中奥秘,这样在遇到故障时,就能分析故障原因,具有排除故障的基础和"本钱"。但是,针对不同类型品牌的运行工艺过程及其不同系列电梯的特点而设立的"考虑流程",察看和记录维修日志,由此,在前述基础上的"灵感运气(联想猜测)"排除种类故障有着触类旁通的启示。

不同厂商生产不同品牌系列的电梯均编制好具有技术变化特点的而使自己产品体系汇总成派,但实践中发现,这些产品所出现的某些故障现象和原因却又是那么相类似。由此可见,同一品牌系列的产品使用过程会重复出现同样的故障。从而可知,技术是无界限的。

根据电梯运行工艺过程(电梯等效梯形曲线)简略地逻辑分析电梯故障现象,具体如下:

(1)内选指令(轿内)和层外召唤信号登记不上;

(2)不自动关门;

(3)关门后不启动;

(4)启动后急停;

(5)启动后达不到额定的满速或分速运行;

(6)运行中急停;

(7)不减速,在过层或消除信号后急停;

(8)减速制动时急停;

(9)不平层;

(10)平层不开门;

(11)停层不消除已登记的信号。

不同品牌系列电梯的特点及其一些比较特殊的故障,具体如下:

(1)在启动和制动过程中的振荡;

(2)开、关门的速度异常缓慢;

(3)冲顶或蹲底;

(4)无提前开门或提前开门时急停;

(5)层楼数据无法写入;

(6)超速运行检出;

(7)再生制动出错;

(8)负载称重系统失灵等。

当今电梯技术发展日新月异,交流调速电梯、微电脑控制电梯正在取代交流信号控制电梯。由于电脑(微处理机)的可靠性和技术先进的驱动装置,新型的智能化大功率器件的广泛应用及其远程监控与自检故障预报程序功能的开发,将对判断和维修上述各类故障更是"了如指掌"。各个厂商为了快速判断电梯常见故障,在各自专门开发的在控制和驱动印板上设置了发光二极管和数码管以提示判知类故障类别。要求维修人员熟悉和掌握设置在控制和驱动印板上的发光二极管和数码管显示所代表的功能及其故障类别,尤其是那些采用 PLC 控制器的输入输出终端的显示。

电梯出现故障后,首先让乘客安全地撤离轿厢,电梯停止运行服务,维修人员根据现场故障现象,按照电梯运行工艺过程(等效梯形曲线)找出故障发生的区段,分析原因,逻辑推理,采用有效维修技能,查出故障并予以排除。这个过程是一个完整的逻辑排除过程。在此必须强调说明,维修人员到达现场必须看清故障现象,这是非常重要的环节,有时故障并不复杂,只是维修人员没有全面地分析与辨别,详细勘查。草率入手修理排故,结果兜了一大圈,走了弯路,耗费了精力和时间,甚至"搬兵"咨询才排除故障。

在排除故障时,不妨可以尝试以下方法:看清故障现象,找出故障处于电梯运行工艺过程(等效梯形曲线)的区域段,查看电气线路图,逻辑分析产生故障的几种可能因素(机械/电气、人为/自身、控制/驱动,或者上述二者合一引起),着手修理。有思维的修理要比瞎摸有效。最终,修理技巧的应用对判断和排除故障起着至关重要的作用。技巧是独特的思维和实践的结果,基本技能扎实,工作有序。如目测比较交换法;先外后内,先易后难法;短路故障开路法;开路故障短路法等在实践过程中被证明是行至有效的确实可行的方法。

参 考 文 献

［1］李秧耕,何乔治,何峰.电梯基本原理及安装维修全书.北京:机械工业出版社,
2001

［2］金中林,安振木.电梯维修保养实用技术.郑州:河南科学技术出版社,2001

［3］建筑专业职业技能鉴定教材编审委员会.电梯安装维修.北京:劳动社会保障出
版社,2003

［4］何乔治,等.电梯故障与排除.北京:机械工业出版社,2002

［5］毛怀新.电梯与自动扶梯技术检验.北京:学苑出版社,2001

［6］任树奎,王福绵.起重机械安全技术检验手册.北京:中国劳动出版社,1995

［7］GB7588—2003 电梯制造与安装安全规范

［8］GB/T10058—1997 电梯技术条件

［9］GB10060—93 电梯安装验收规范

［10］GB/T13435—92 电梯曳引机

［11］中华人民共和国国务院令第373号 特种设备安全监察条例.2003